《数学中的小问题大定理》丛书（第五辑）

三角恒等式

朱尧辰 著

◎ 以同角函数关系为基础的恒等式
◎ 以加法定理为基础的恒等式
◎ 三角函数的有限级数与有限乘积
◎ 与反三角函数有关的恒等式
◎ 关于三角形边角关系的恒等式

哈尔滨工业大学出版社
HARBIN INSTITUTE OF TECHNOLOGY PRESS

内容提要

三角恒等变形是中学数学的难点之一.本书全面系统地总结了中学课程中三角恒等变形的内容,对三角恒等式的证法和技巧做了分类指导,着重解题思路的分析.内容包括同角函数关系、加法定理、反三角函数、三角形的边角关系、三角恒等变形的各种应用以及代数对三角恒等变形的应用等.

全书精选例题、习题218则.习题还附有解法提示.可供中学师生、中学程度的自学青年作为学习三角恒等式的辅助读物.

图书在版编目(CIP)数据

三角恒等式/朱尧辰著.—哈尔滨:哈尔滨工业大学出版社,2015.2
ISBN 978-7-5603-5139-1

Ⅰ.①三… Ⅱ.①朱… Ⅲ.①三角—恒等式—中学—教学参考资料Ⅳ.①G634.603

中国版本图书馆 CIP 数据核字(2014)第 311744 号

策划编辑	刘培杰 张永芹
责任编辑	马静怡 张永文
封面设计	孙茵艾
出版发行	哈尔滨工业大学出版社
社　　址	哈尔滨市南岗区复华四道街10号 邮编150006
传　　真	0451—86414749
网　　址	http://hitpress.hit.edu.cn
印　　刷	哈尔滨市石桥印务有限公司
开　　本	787mm×960mm 1/16 印张11 字数111千字
版　　次	2015年2月第1版 2015年2月第1次印刷
书　　号	ISBN 978-7-5603-5139-1
定　　价	28.00元

(如因印装质量问题影响阅读,我社负责调换)

目录

第 1 章　引　言 // 1

§ 1　什么是三角恒等式及三角变形 // 1

§ 2　证明三角恒等式的三种方式 // 3

第 2 章　以同角函数关系为基础的恒等式 // 6

§ 1　简单恒等式 // 6

§ 2　附条件的恒等式 // 9

第 3 章　以加法定理为基础的恒等式 // 13

§ 1　应用加法定理证明的恒等式 // 13

§ 2　多角和公式及其对恒等式证明的应用 // 16

§ 3　应用倍角公式证明的恒等式 // 19

§ 4　应用半角公式证明的恒等式 // 24

§ 5　应用和积互化公式证明的恒等式 // 28

§ 6　辅助角 // 32

§ 7　综合性恒等式 // 36

§ 8　附条件的恒等式 // 41

第 4 章　三角函数的有限级数与有限乘积 // 51

§ 1　有限三角级数的求和 // 51

§ 2　有限三角积式的求积 // 56

第 5 章　与反三角函数有关的恒等式 // 59

§ 1　反三角函数的三角运算 // 59

§ 2　反三角函数间的关系式 // 64

§ 3　较复杂的关系式 // 67

第 6 章　关于三角形边角关系的恒等式 // 72

　　§1　基于正弦定理和余弦定理的恒等式 // 72

　　§2　基于其他三角形性质定理的恒等式 // 78

　　§3　综合性恒等式 // 84

　　§4　三角形形状的确定 // 88

第 7 章　补　充 // 92

　　§1　棣莫弗(De Moivre)公式的应用 // 92

　　§2　韦达定理的应用 // 95

　　§3　消去式问题 // 100

　　§4　恒等变形杂例 // 103

第 8 章　部分练习题解法提示 // 113

第 9 章　增补杂例 // 120

再版后记 // 156

引 言

第 1 章

§1 什么是三角恒等式及三角变形

假设给定两个三角函数的解析表达式,我们把它们记成

$$f_1(x) = U_1(\sin x, \cos x, \tan x, \cot x) \tag{1}$$

$$f_2(x) = U_2(\sin x, \cos x, \tan x, \cot x) \tag{2}$$

对于式(1),自变量的取值范围是 A_1,对于式(2),自变量的取值范围是 A_2. 现在同时研究这两个式子,于是考虑 A_1 和 A_2 的公共部分 $A_1 \cap A_2$. 为了使问题的讨论有意义,我们始终假设 $A_1 \cap A_2$ 是非空的.

三角恒等式

定义 如果对于 $A_1 \cap A_2$ 中的任何 x 值，式(1)和式(2)都有相等的数值，那么称式(1)与式(2)是恒等的，并且记作

$$U_1(\sin x, \cos x, \tan x, \cot x)$$
$$= U_2(\sin x, \cos x, \tan x, \cot x) \qquad (3)$$

式(3)称为三角恒等式.

例 1) 恒等式

$$\sin^2 x + \cos^2 x = 1$$

对一切实数 x 成立.

2) 恒等式

$$\frac{1-\cos x}{\sin x} = \tan \frac{x}{2}$$

对一切实数 $x \neq k\pi (k=0,1,\pm 1,\cdots)$ 成立.

3) 函数 $\sqrt{\sin^2 x}$ 与 $\sin x$ 并不恒等，这是因为

$$\sqrt{\sin^2 x} = \begin{cases} +\sin x \\ -\sin x \end{cases}$$

但函数 $\sqrt{\sin^2 x}\,(2k\pi \leqslant x \leqslant (2k+1)\pi)$ 与 $\sin x$ 是恒等的，亦即对于 $2k\pi \leqslant x \leqslant (2k+1)\pi$ 有恒等式

$$\sqrt{\sin^2 x} = \sin x$$

两个恒等的表达式(1),(2)在 $A_1 \cap A_2$ 上确定同一个函数. 两个恒等的表达式有时可能是同一个函数仅在形式上有不同的表示法. 例如

$$1 + 2\sin x + \sin^2 x \text{ 与 } (1+\sin x)^2$$

对一个三角函数的表达式用另一个与它恒等的三角函数的表达式去代换时，这种代换就称作三角恒等变形，简称三角变形. 解析式的三角恒等变形可能会引起函数定义的改变. 例如在 $1 + \sin 2x$ 中，若用

2

第1章 引言

$\frac{2\tan x}{1+\tan^2 x}$ 代换 $\sin 2x$,将引起定义域的缩小;在 $1+\tan x\cos x$ 中用 $\sin x$ 代换 $\tan x\cos x$ 时,引起定义域的扩大. 这种现象常常是引起三角方程增根或减根的原因.

上面都是对单变量情形说的,对于多个变量的情形,也是类似的. 例如,当 $x+y\neq k\pi+\frac{\pi}{2}$, $x,y\neq k\pi+\frac{\pi}{2}$ 时,

$$\tan(x+y) \text{ 与 } \frac{\tan x+\tan y}{1-\tan x\tan y}$$

是恒等的,因而恒等式

$$\tan(x+y)=\frac{\tan x+\tan y}{1-\tan x\tan y}$$

在所说的 (x,y) 范围中成立.

§2 证明三角恒等式的三种方式

证明三角恒等式通常有三种方式:

(1)通过一系列恒等变形,从左边(右边)式子出发推导出右边(左边)式子.

(2)证明两边式子都与同一个式子恒等.

(3)证明一个与要证的恒等式等价的恒等式.(两个恒等式称为等价,如果其中任何一个成立时另一个也成立.)

现在举例说明.

例 证明恒等式:

1) $\sin^2\theta\tan\theta+\cos^2\theta\cot\theta+2\sin\theta\cos\theta=\tan\theta+\cot\theta$.

2) $\dfrac{1-\csc\theta+\cot\theta}{1+\csc\theta-\cot\theta}=\dfrac{\csc\theta+\cot\theta-1}{\csc\theta+\cot\theta+1}$ (1)

证明 1)因为左边比较复杂,所以从左边着手(按第一种方式)

$$\text{左边}=\dfrac{\sin^3\theta}{\cos\theta}+\dfrac{\cos^3\theta}{\sin\theta}+2\sin\theta\cos\theta$$
$$=\dfrac{\sin^4\theta+2\sin^2\theta\cos^2\theta+\cos^4\theta}{\sin\theta\cos\theta}$$
$$=\dfrac{(\sin^2\theta+\cos^2\theta)^2}{\sin\theta\cos\theta}$$
$$=\dfrac{1}{\sin\theta\cos\theta}=\dfrac{\sin^2\theta+\cos^2\theta}{\sin\theta\cos\theta}$$
$$=\dfrac{\sin^2\theta}{\sin\theta\cos\theta}+\dfrac{\cos^2\theta}{\sin\theta\cos\theta}=\tan\theta+\cot\theta$$
$$=\text{右边}$$

2)只用证明下列恒等式(第三种方式)

$(1-\csc\theta+\cot\theta)(\csc\theta+\cot\theta+1)$
$\qquad=(\csc\theta+\cot\theta-1)(1+\csc\theta-\cot\theta)$ (2)

因为式(2)的两边都很复杂,所以用第二种方式来证明它

式(2)的左边$=(1+\cot\theta)^2-\csc^2\theta$
$\qquad=1+2\cot\theta+\cot^2\theta-\csc^2\theta$
$\qquad=1+2\cot\theta-(\csc^2\theta-\cot^2\theta)$
$\qquad=1+2\cot\theta-1=2\cot\theta$

式(2)的右边$=\csc^2\theta-(1-\cot\theta)^2$
$\qquad=\csc^2\theta-1+2\cot\theta-\cot^2\theta$
$\qquad=(\csc^2\theta-\cot^2\theta)-1+2\cot\theta$
$\qquad=1-1+2\cot\theta=2\cot\theta$

于是式(2)成立,从而式(1)得证.

练习题

1. 下列等式是否是恒等式？如果不是，说明理由；如果是，说明恒等式中自变量的取值范围：

(1) $\sqrt{1-2\sin\theta+\sin^2\theta}=1-\sin\theta$.

(2) $\sqrt{1-2\sin\theta\cos\theta}=\sin\theta-\cos\theta$.

(3) $2\lg\sin\alpha=\lg(1-\cos^2\alpha)$.

2. 用适宜的方式证明下列恒等式：

(1) $2(\sin^6\theta+\cos^6\theta)-3(\sin^4\theta+\cos^4\theta)+1=0$.

(2) $\dfrac{1+\sin\theta-\cos\theta}{1+\sin\theta+\cos\theta}=2\csc\theta-\dfrac{1+\sin\theta+\cos\theta}{1+\sin\theta-\cos\theta}$.

(3) $2(1+\sin\theta)(1+\cos\theta)=(1+\sin\theta+\cos\theta)^2$.

(4) $\sqrt{\dfrac{1-\sin\theta}{1+\sin\theta}}=\sec\theta-\tan\theta\,(0<\theta<\dfrac{\pi}{2})$.

以同角函数关系为基础的恒等式

第 2 章

§1 简单恒等式

所谓同角三角函数关系是指下列三类恒等关系式：

(1) 平方和关系
$$\sin^2\theta + \cos^2\theta = 1$$
$$\tan^2\theta + 1 = \sec^2\theta, \cos^2\theta + 1 = \csc^2\theta$$

(2) 倒数关系
$$\tan\theta = \frac{1}{\cot\theta}, \sec\theta = \frac{1}{\cos\theta}, \csc\theta = \frac{1}{\sin\theta}$$
或
$$\tan\theta \cdot \cot\theta = 1, \sec\theta \cdot \cos\theta = 1$$
$$\csc\theta \cdot \sin\theta = 1$$

(3) 相除关系
$$\tan\theta = \frac{\sin\theta}{\cos\theta}, \cot\theta = \frac{\cos\theta}{\sin\theta}$$

第 2 章 以同角函数关系为基础的恒等式

这些关系式经常应用于三角恒等变形,是证明三角恒等式的基础. 在第 1 章的 §2 中我们已经给出了几个简单恒等式的例子,这里再补充几个.

例 1 求证
$$(1-\tan^2 A)^2 = (\sec^2 A - 2\tan A)(\sec^2 A + 2\tan A)$$

证法 1

$$\begin{aligned}
\text{左边} &= 1 - 2\tan^2 A + \tan^4 A \\
&= 1 + 2\tan^2 A + \tan^4 A - 4\tan^2 A \\
&= (1+\tan^2 A)^2 - 4\tan^2 A \\
&= \sec^4 A - 4\tan^2 A \\
&= (\sec^2 A - 2\tan A)(\sec^2 A + 2\tan A) = \text{右边}
\end{aligned}$$

证法 2

$$\begin{aligned}
\text{右边} &= (1+\tan^2 A - 2\tan A)(1+\tan^2 A + 2\tan A) \\
&= (1+\tan A)^2 (1-\tan A)^2 \\
&= [(1+\tan A)(1-\tan A)]^2 \\
&= (1-\tan^2 A)^2 = \text{左边}
\end{aligned}$$

证法 3

$$\begin{aligned}
\text{左边} &= \left(1 - \frac{\sin^2 A}{\cos^2 A}\right)^2 = \frac{(\cos^2 A - \sin^2 A)^2}{\cos^4 A} \\
&= \frac{\cos^4 A + \sin^4 A - 2\sin^2 A \cos^2 A}{\cos^4 A} \\
&= \frac{(\cos^2 A + \sin^2 A)^2 - 4\sin^2 A \cos^2 A}{\cos^4 A} \\
&= \frac{1 - 4\sin^2 A \cos^2 A}{\cos^4 A}
\end{aligned}$$

$$\begin{aligned}
\text{右边} &= \sec^4 A - 4\tan^4 A = \frac{1}{\cos^4 A} - \frac{4\sin^2 A}{\cos^2 A} \\
&= \frac{1 - 4\sin^2 A \cos^2 A}{\cos^4 A}
\end{aligned}$$

所以左边=右边.

证法 4 因为
$$1+\tan^2 A = \sec^2 A$$
所以
$$(1+\tan^2 A)^2 = \sec^4 A$$
$$1+2\tan^2 A+\tan^4 A = \sec^4 A$$
两边同时减去 $4\tan^2 A$,得
$$1-2\tan^2 A+\tan^4 A = \sec^4 A-4\tan^2 A$$
于是
$$(1-\tan^2 A)^2 = (\sec^2 A-2\tan A)(\sec^2 A+2\tan A)$$

注 上述 4 种证法各有特色.证法 1 和证法 2 综合使用因式分解和乘法公式.证法 3 是将表达式全部用 $\sin A$,$\cos A$ 表出.证法 4 主要依据等式的基本性质,不过这种方法一般难以掌握.

例 2 求证
$$\frac{1+2\sin x\cos x}{\cos^2 x-\sin^2 x} = \frac{1+\tan x}{1-\tan x}$$

证明
$$\begin{aligned}
\text{左边} &= \frac{\cos^2 x+2\sin x\cos x+\sin^2 x}{\cos^2 x-\sin^2 x} \\
&= \frac{(\cos x+\sin x)^2}{(\cos x+\sin x)(\cos x-\sin x)} = \frac{\cos x+\sin x}{\cos x-\sin x} \\
&= \frac{\dfrac{\cos x+\sin x}{\cos x}}{\dfrac{\cos x-\sin x}{\cos x}} = \frac{1+\tan x}{1-\tan x} = \text{右边}
\end{aligned}$$

注 这里使用了两个常用技巧:①用 $\sin^2 x+\cos^2 x$ 代替"1";②分子分母同除以 $\cos x$.

从上面的例子我们可以总结出下列几点:

(1)应当根据问题的特点选择最简单的证明方法.

(2)因式分解、乘法公式、分式性质等代数技巧常

起重要作用.

(3)"1"的代用法,即
$$\sin^2 x + \cos^2 x = 1$$
$$\sec^2 x - \tan^2 x = 1$$
$$\csc^2 x - \cot^2 x = 1$$

(特别是 $\sin^2 x + \cos^2 x = 1$ 的代用,是一种常用技巧.)

练习题

3.证明恒等式:

(1) $(2 - \cos^2\theta)(1 + 2\cot^2\theta) = (2 - \sin^2\theta)(2 + \cot^2\theta)$.

(2) $\dfrac{2(\cos\theta - \sin\theta)}{1 + \sin\theta + \cos\theta} = \dfrac{\cos\theta}{1 + \sin\theta} - \dfrac{\sin\theta}{1 + \cos\theta}$.

(3) $\dfrac{1}{\cos\theta + \tan^2\theta \sin\theta} - \dfrac{1}{\sin\theta + \cot^2\theta \cos\theta} = \dfrac{\csc\theta - \sec\theta}{\sec\theta \csc\theta - 1}$.

(4) $\dfrac{(1 + \csc\theta)(\cos\theta - \cot\theta)}{(1 + \sec\theta)(\sin\theta - \tan\theta)} = \cot^5\theta$.

§2 附条件的恒等式

因为这类问题常涉及两个或多个变量,所以解法比较灵活.

例1 设 $\sin^2\alpha \csc^2\beta + \cos^2\alpha \cos^2\gamma = 1$,则
$$\sin^2\gamma = \tan^2\alpha \cot^2\beta$$

分析 因为 $\sin^2\gamma = 1 - \cos^2\gamma$,而由已知条件求 $\cos^2\gamma$ 是比较容易的.

证明 由已知条件求出

三角恒等式

$$\cos^2\gamma = \frac{1-\sin^2\alpha\csc^2\beta}{\cos^2\alpha}$$
$$= \frac{(1-\sin^2\alpha\csc^2\beta)\sin^2\beta}{\cos^2\alpha\sin^2\beta}$$
$$= \frac{\sin^2\beta - \sin^2\alpha}{\cos^2\alpha\sin^2\beta}$$

于是

$$\sin^2\gamma = 1-\cos^2\gamma = \frac{\cos^2\alpha\sin^2\beta - \sin^2\beta + \sin^2\alpha}{\cos^2\alpha\sin^2\beta}$$
$$= \frac{\sin^2\alpha - \sin^2\beta(1-\cos^2\alpha)}{\cos^2\alpha\sin^2\beta}$$
$$= \frac{\sin^2\alpha(1-\sin^2\beta)}{\cos^2\alpha\sin^2\beta} = \frac{\sin^2\alpha\cos^2\beta}{\cos^2\alpha\sin^2\beta}$$
$$= \left(\frac{\sin\alpha}{\cos\alpha}\right)^2\left(\frac{\cos\beta}{\sin\beta}\right)^2 = \tan^2\alpha\cot^2\beta$$

例 2 已知

$$\frac{\cos^4 A}{\cos^2 B} + \frac{\sin^4 A}{\sin^2 B} = 1$$

求证

$$\frac{\cos^4 B}{\cos^2 A} + \frac{\sin^4 B}{\sin^2 A} = 1$$

分析 已知的条件是以分式形式出现的,为明显地看出 A,B 的正弦(或余弦)间的关系,应先将已知条件变形.

证明 由已知条件得

$$\cos^4 A\sin^2 B + \sin^4 A\cos^2 B = \sin^2 B\cos^2 B$$

或

$$(1-\sin^2 A)^2\sin^2 B + \sin^4 A(1-\sin^2 B) -$$
$$\sin^2 B(1-\sin^2 B) = 0 \qquad (1)$$

将此式加以整理得

第 2 章 以同角函数关系为基础的恒等式

$$(\sin^2 A - \sin^2 B)^2 = 0$$

于是 $\sin^2 A = \sin^2 B$,从而 $1 - \sin^2 A = 1 - \sin^2 B$,或

$$\cos^2 A = \cos^2 B$$

所以得到

$$\frac{\cos^4 B}{\cos^2 A} + \frac{\sin^4 B}{\sin^2 A} = \frac{\cos^4 A}{\cos^2 A} + \frac{\sin^4 A}{\sin^2 A}$$
$$= \cos^2 A + \sin^2 A = 1$$

注 式(1)中统一于正弦函数,如改为统一于余弦函数,结果是一样的.

例 3 设 $a\tan\alpha = b\tan\beta, a^2 x^2 = a^2 - b^2$,则

$$(1 - x^2 \sin^2\beta)(1 - x^2 \cos^2\alpha) = 1 - x^2$$

分析 为使 $(1 - x^2 \sin^2\beta)(1 - x^2 \cos^2\alpha)$ 化简,应设法通过 β 的三角函数表示 $\cos^2\alpha$.

证明 将 $a\tan\alpha = b\tan\beta$ 两边平方,得

$$a^2 \cdot \frac{1-\cos^2\alpha}{\cos^2\alpha} = b^2 \cdot \frac{1-\cos^2\beta}{\cos^2\beta}$$

由此解得

$$\cos^2\alpha = \frac{a^2 \cos^2\beta}{b^2 + (a^2 - b^2)\cos^2\beta}$$

于是

$$(1 - x^2 \sin^2\beta)(1 - x^2 \cos^2\alpha)$$
$$= \left[1 - \frac{a^2 - b^2}{a^2}(1 - \cos^2\beta)\right] \cdot$$
$$\quad \left[1 - \frac{a^2 - b^2}{a^2} \cdot \frac{a^2 \cos^2\beta}{b^2 + (a^2 - b^2)\cos^2\beta}\right]$$
$$= \frac{b^2 + (a^2 - b^2)\cos^2\beta}{a^2} \cdot \frac{b^2}{b^2 + (a^2 - b^2)\cos^2\beta}$$
$$= \frac{b^2}{a^2} = 1 - x^2$$

练习题

4. 设 $\sin\theta + \sin^2\theta = 1$,则 $\cos^2\theta + \cos^4\theta = 1$.

5. 设 $\cos\theta - \sin\theta = \sqrt{2}\sin\theta$,则
$$\cos\theta + \sin\theta = \sqrt{2}\cos\theta$$

6. 如果 $\left(\dfrac{\tan\alpha}{\sin\theta} - \dfrac{\tan\beta}{\tan\theta}\right)^2 = \tan^2\alpha - \tan^2\beta$,那么
$$\cos\theta = \dfrac{\tan\beta}{\tan\alpha}$$

7. 如果 $\dfrac{\cos^3\theta}{\cos\alpha} + \dfrac{\sin^3\theta}{\sin\alpha} = 1$,那么
$$\left(\dfrac{\cos\alpha}{\cos\theta} - \dfrac{\sin\alpha}{\sin\theta}\right)\left(\dfrac{\cos\alpha}{\cos\theta} + \dfrac{\sin\alpha}{\sin\theta} + 1\right) = 0$$

8. 设 $\tan x + \sin x = m$,$\tan x - \sin x = n$,则
$$\cos x = \dfrac{m-n}{m+n},\ 16mn = (m^2 - n^2)^2$$

9. 设 $\cos\theta \neq 0$,$\cos^2\alpha \neq \cos^2\varphi$,且
$$\tan\varphi = \dfrac{\sin\theta\sin\alpha}{\cos\theta - \cos\alpha}$$
则
$$\tan\theta = \dfrac{\sin\alpha\sin\varphi}{\cos\varphi \pm \cos\alpha}$$

以加法定理为基础的恒等式

第 3 章

§1 应用加法定理证明的恒等式

所谓加法定理是指下列 8 个公式

$$\sin(\alpha \pm \beta) = \sin \alpha \cos \beta \pm \cos \alpha \sin \beta$$

$$\cos(\alpha \pm \beta) = \cos \alpha \cos \beta \mp \sin \alpha \sin \beta$$

$$\tan(\alpha \pm \beta) = \frac{\tan \alpha \pm \tan \beta}{1 \mp \tan \alpha \tan \beta}$$

$$\cot(\alpha \pm \beta) = \frac{\cot \alpha \cot \beta \mp 1}{\cot \alpha \pm \cot \beta}$$

其中最基本的是 $\sin(\alpha \pm \beta)$，$\cos(\alpha \pm \beta)$ 的公式. 最后两个公式（关于 $\cot(\alpha \pm \beta)$）应用较少，无需记忆.

现在举例说明它们在证明三角恒等式中的应用.

例 1 求证

三角恒等式

$$\sin(x+y)\sin(x-y)=\sin^2 x-\sin^2 y$$

证明

$$\begin{aligned}
左边 &= (\sin x\cos y+\cos x\sin y)\cdot \\
&\quad (\sin x\cos y-\cos x\sin y) \\
&= \sin^2 x\cos^2 y-\cos^2 x\sin^2 y \\
&= \sin^2 x(1-\sin^2 y)-(1-\sin^2 x)\sin^2 y \\
&= \sin^2 x-\sin^2 y
\end{aligned}$$

注 这个例子的另一证明方法见第 3 章 §5 的例 2. 类似地,我们还可证明

$$\cos(x+y)\cos(x-y)=\cos^2 x-\sin^2 y$$

例 2 求证

$$\frac{\tan\alpha-\tan\beta}{\tan\alpha+\tan\beta}=\frac{\sin(\alpha-\beta)}{\sin(\alpha+\beta)}$$

证法 1

$$\begin{aligned}
左边 &= \frac{\dfrac{\sin\alpha}{\cos\alpha}-\dfrac{\sin\beta}{\cos\beta}}{\dfrac{\sin\alpha}{\cos\alpha}+\dfrac{\sin\beta}{\cos\alpha}} \\
&= \frac{\dfrac{\sin\alpha\cos\beta-\cos\alpha\sin\beta}{\cos\alpha\cos\beta}}{\dfrac{\sin\alpha\cos\beta+\cos\alpha\sin\beta}{\cos\alpha\cos\beta}} \\
&= \frac{\sin\alpha\cos\beta-\cos\alpha\sin\beta}{\sin\alpha\cos\beta+\cos\alpha\sin\beta}=\frac{\sin(\alpha-\beta)}{\sin(\alpha+\beta)}=右边
\end{aligned}$$

证法 2

$$\begin{aligned}
右边 &= \frac{\sin\alpha\cos\beta-\cos\alpha\sin\beta}{\sin\alpha\cos\beta+\cos\alpha\sin\beta} \\
&= \frac{\dfrac{\sin\alpha\cos\beta-\cos\alpha\sin\beta}{\cos\alpha\cos\beta}}{\dfrac{\sin\alpha\cos\beta+\cos\alpha\sin\beta}{\cos\alpha\cos\beta}}=\frac{\tan\alpha-\tan\beta}{\tan\alpha+\tan\beta}
\end{aligned}$$

第3章 以加法定理为基础的恒等式

=左边

注 这两个证法实质是一样的,只不过是出发点正好相反.

例3 求证

$$\frac{1+\sqrt{3}\tan\left(x-\frac{\pi}{6}\right)}{\sqrt{3}-\tan\left(x-\frac{\pi}{6}\right)}=\tan x$$

证明 将左边式子的分子、分母同除以 $\sqrt{3}$,从而有

$$左边=\frac{\frac{\sqrt{3}}{3}+\tan\left(x-\frac{\pi}{6}\right)}{1-\frac{\sqrt{3}}{3}\cdot\tan\left(x-\frac{\pi}{6}\right)}$$

$$=\frac{\tan\frac{\pi}{6}+\tan\left(x-\frac{\pi}{6}\right)}{1-\tan\frac{\pi}{6}\tan\left(x-\frac{\pi}{6}\right)}$$

$$=\tan\left(\frac{\pi}{6}+x-\frac{\pi}{6}\right)=\tan x=右边$$

练习题

证明下列各恒等式:

10. $\tan\alpha\pm\tan\beta=\dfrac{\sin(\alpha\pm\beta)}{\cos\alpha\cos\beta}$.

11. $\dfrac{1}{1+2\cos\left(\frac{\pi}{3}+\theta\right)}+\dfrac{1}{1+2\cos\left(\frac{\pi}{3}-\theta\right)}=\dfrac{1}{2\cos\theta-1}$.

12. $\dfrac{\sin 2\alpha}{\sin\alpha}-\dfrac{\cos 2\alpha}{\cos\alpha}=\sec\alpha$.

13. $\dfrac{\sin(2A+B)}{\sin A}-2\cos(A+B)=\dfrac{\sin B}{\sin A}$.

14. $1+\tan(\alpha+\beta)\tan(\alpha-\beta)=\dfrac{\cos 2\beta}{\cos^2\alpha-\sin^2\beta}$.

15. $\sin x \pm \cos x = \sqrt{2} \sin\left(x \pm \dfrac{\pi}{4}\right)$.

16. $\sin(x+y)\cos y = \cos(x+y)\sin y + \sin x$.

17. $\cos^2 \theta + \cos^2\left(\theta + \dfrac{2\pi}{3}\right) + \cos^2\left(\theta - \dfrac{2\pi}{3}\right) = \dfrac{3}{2}$

§2 多角和公式及其对恒等式证明的应用

常用的三角和公式
$$\begin{aligned}\sin(\alpha+\beta+\gamma) &= \sin\alpha\cos\beta\cos\gamma + \cos\alpha\sin\beta\cos\gamma + \\ &\quad \cos\alpha\cos\beta\sin\gamma - \sin\alpha\sin\beta\sin\gamma \\ &= \cos\alpha\cos\beta\cos\gamma(\tan\alpha + \tan\beta + \\ &\quad \tan\gamma - \tan\alpha\tan\beta\tan\gamma) \end{aligned} \quad (1)$$

$$\begin{aligned}\cos(\alpha+\beta+\gamma) &= \cos\alpha\cos\beta\cos\gamma - \cos\alpha\sin\beta\sin\gamma - \\ &\quad \sin\alpha\cos\beta\sin\gamma - \sin\alpha\sin\beta\cos\gamma \\ &= \cos\alpha\cos\beta\cos\gamma(1 - \tan\beta\tan\gamma - \\ &\quad \tan\gamma\tan\alpha - \tan\alpha\tan\beta) \end{aligned} \quad (2)$$

$$\tan(\alpha+\beta+\gamma) = \dfrac{\tan\alpha + \tan\beta + \tan\gamma - \tan\alpha\tan\beta\tan\gamma}{1 - \tan\beta\tan\gamma - \tan\gamma\tan\alpha - \tan\alpha\tan\beta} \quad (3)$$

这三个公式都可用上节公式证明. 公式(1)的证明见下面例1.

对一般情形,有
$$\sin(\alpha_1 + \alpha_2 + \cdots + \alpha_n)$$
$$= \cos\alpha_1 \cos\alpha_2 \cdots \cos\alpha_n (T_1 - T_3 + T_5 - \cdots) \quad (4)$$
$$\cos(\alpha_1 + \alpha_2 + \cdots + \alpha_n)$$
$$= \cos\alpha_1 \cos\alpha_2 \cdots \cos\alpha_n (1 - T_2 + T_4 - \cdots) \quad (5)$$

第 3 章　以加法定理为基础的恒等式

$$\tan(\alpha_1+\alpha_2+\cdots+\alpha_n)=\frac{T_1-T_3+T_5-\cdots}{1-T_2+T_4-\cdots} \qquad (6)$$

在这些公式中，T_k 表示所有可能的由 $\tan\alpha_1,\cdots,\tan\alpha_n$ 中取 k 个所求出的乘积之和.

例如，当 $n=4$ 时

$\sin(\alpha_1+\alpha_2+\alpha_3+\alpha_4)$
$=\cos\alpha_1\cos\alpha_2\cos\alpha_3\cos\alpha_4(T_1-T_3)$
$=\cos\alpha_1\cos\alpha_2\cos\alpha_3\cos\alpha_4(\tan\alpha_1+\tan\alpha_2+\tan\alpha_3+\tan\alpha_4-\tan\alpha_1\tan\alpha_2\tan\alpha_3-\tan\alpha_1\tan\alpha_2\tan\alpha_4-\tan\alpha_1\tan\alpha_3\tan\alpha_4-\tan\alpha_2\tan\alpha_3\tan\alpha_4)$

$\cos(\alpha_1+\alpha_2+\alpha_2+\alpha_4)$
$=\cos\alpha_1\cos\alpha_2\cos\alpha_3\cos\alpha_4(1-T_2+T_4)$
$=\cos\alpha_1\cos\alpha_2\cos\alpha_3\cos\alpha_4(1-\tan\alpha_1\tan\alpha_2-\tan\alpha_1\tan\alpha_3-\tan\alpha_1\tan\alpha_4-\tan\alpha_2\tan\alpha_3-\tan\alpha_2\tan\alpha_4-\tan\alpha_3\tan\alpha_4+\tan\alpha_1\tan\alpha_2\tan\alpha_3\tan\alpha_4)$

$\tan(\alpha_1+\alpha_2+\alpha_3+\alpha_4)=\dfrac{T_1-T_3}{1-T_2+T_4}$
$=(\tan\alpha_1+\tan\alpha_2+\tan\alpha_3+\tan\alpha_4-\tan\alpha_1\tan\alpha_2\cdot\tan\alpha_3-\tan\alpha_1\tan\alpha_2\tan\alpha_4-\tan\alpha_1\tan\alpha_3\tan\alpha_4-\tan\alpha_2\tan\alpha_3\tan\alpha_4)/(1-\tan\alpha_1\tan\alpha_2-\tan\alpha_1\tan\alpha_3-\tan\alpha_1\tan\alpha_4-\tan\alpha_2\tan\alpha_3-\tan\alpha_2\tan\alpha_4-\tan\alpha_3\tan\alpha_4+\tan\alpha_1\tan\alpha_2\tan\alpha_3\tan\alpha_4)$

公式(4)~(6)可用数学归纳法证明，也可用复数乘法公式证明(见下面例 3).

例 1　证明公式(1).

证明

$\sin(\alpha+\beta+\gamma)=\sin((\alpha+\beta)+\gamma)$
$\qquad\qquad\quad=\sin(\alpha+\beta)\cos\gamma+\cos(\alpha+\beta)\sin\gamma$

三角恒等式

$$= (\sin\alpha\cos\beta + \cos\alpha\sin\beta)\cos\gamma +$$
$$(\cos\alpha\cos\beta - \sin\alpha\sin\beta)\sin\gamma$$
$$= \sin\alpha\cos\beta\cos\gamma + \cos\alpha\sin\beta\cos\gamma +$$
$$\cos\alpha\cos\beta\sin\gamma - \sin\alpha\sin\beta\sin\gamma$$

例2 证明
$$4\sin A\sin B\sin C = \sin(-A+B+C) + \sin(A-B+C) + \sin(A+B-C) - \sin(A+B+C)$$

证明 对右边四项应用公式(1),注意余弦是偶函数,正弦是奇函数,得

$$\begin{array}{l}\sin(-A+B+C) = \\ \sin(A-B+C) = \\ \sin(A+B-C) = \\ -\sin(A+B+C) = \end{array}\left|\begin{array}{c}- \\ + \\ + \\ -\end{array}\sin A\cos B\cos C\begin{array}{c}+ \\ - \\ + \\ -\end{array}\right|\cos A\sin B\cos C$$

$$\left|\begin{array}{c}+ \\ + \\ - \\ -\end{array}\cos A\cos B\cos C\begin{array}{c}+ \\ + \\ + \\ +\end{array}\right|\sin A\sin B\sin C$$

由此可见上面四式之和是 $4\sin A\sin B\sin C$.

注 上面证法甚繁,它的另一证明方法见第3章§5的例3.

例3 证明公式(4)~(6).

证明 根据复数乘法公式
$$(\cos\alpha_1 + i\sin\alpha_1)(\cos\alpha_2 + i\sin\alpha_2)\cdots(\cos\alpha_n + i\sin\alpha_n)$$
$$= \cos(\alpha_1 + \alpha_2 + \cdots + \alpha_n) + i\sin(\alpha_1 + \alpha_2 + \cdots + \alpha_n) \quad (7)$$

而左边可化为
$$\cos\alpha_1(1 + i\tan\alpha_1) \cdot \cos\alpha_2(1 + i\tan\alpha_2) \cdots$$
$$\cos\alpha_n \cdot (1 + i\tan\alpha_n)$$
$$= \cos\alpha_1\cos\alpha_2 \cdots$$

第3章 以加法定理为基础的恒等式

$$\cos\alpha_n(1+\mathrm{i}\tan\alpha_1)(1+\mathrm{i}\tan\alpha_2)\cdots\cdot$$
$$(1+\mathrm{i}\tan\alpha_n)$$

注意 $\mathrm{i}^2=-1, \mathrm{i}^3=-\mathrm{i}, \mathrm{i}^4=1$,可知

$$上式 = \cos\alpha_1\cos\alpha_2\cdots\cdot\cos\alpha_n[(1-T_2+T_4+\cdots)+\mathrm{i}(T_1-T_3+T_5+\cdots)]$$

因此比较式(7)右边与上式右边的实部和虚部,就可得公式(4)和(5).

将公式(4)和(5)相除,即得公式(6).

练习题

18. 证明公式(2)和(3).

19. 求证:

(1) $\tan\alpha+\tan\beta+\tan\gamma - \dfrac{\sin(\alpha+\beta+\gamma)}{\cos\alpha\cos\beta\cos\gamma} = \tan\alpha\tan\beta\tan\gamma$.

(2) $4\cos A\cos B\cos C = \cos(A+B+C)+\cos(-A+B+C)+\cos(A-B+C)+\cos(A+B-C)$.

20. 证明

$$\cot(\alpha+\beta+\gamma) = \frac{\cot\alpha\cot\beta\cot\gamma - \cot\alpha - \cot\beta - \cot\gamma}{\cot\alpha\cot\beta + \cos\alpha\cot\gamma + \cot\beta\cot\gamma - 1}$$

§3 应用倍角公式证明的恒等式

由第3章§1和第3章§2的公式立即得到二倍角公式

$$\sin 2x = 2\sin x\cos x \tag{1}$$

$$\cos 2x = \cos^2 x - \sin^2 x$$
$$= 2\cos^2 x - 1 = 1 - 2\sin^2 x \tag{2}$$

$$\tan 2x = \frac{2\tan x}{1-\tan^2 x} \tag{3}$$

三角恒等式

以及三倍角公式
$$\sin 3x = 3\sin x - 4\sin^3 x$$
$$\cos 3x = 4\cos^3 x - 3\cos x$$
$$\tan 3x = \frac{3\tan x - \tan^3 x}{1 - 3\tan^2 x}$$

三倍角公式也可由第 3 章 §1 的公式及公式(1)～(3)求得，例如
$$\begin{aligned}\sin 3x &= \sin(2x+x) = \sin 2x\cos x + \cos 2x\sin x\\ &= (2\sin x\cos x)\cos x + (1-2\sin^2 x)\sin x\\ &= 2\sin x(1-\sin^2 x) + \sin x - 2\sin^3 x\\ &= 3\sin x - 4\sin^3 x\end{aligned}$$

正弦、余弦的二倍角公式还有另一种形式
$$\sin 2x = \frac{2\tan x}{1+\tan^2 x}, \cos 2x = \frac{1-\tan^2 x}{1+\tan^2 x} \qquad (4)$$

公式(3)及公式(4)的右边都是 $\tan x$ 的有理函数，这个特点经常用于解三角方程等问题中．这三个公式通常称为万能代换公式．

公式(4)的证明如下
$$\sin 2x = 2\sin x\cos x = \frac{2\sin x\cos x}{\sin^2 x + \cos^2 x}$$
$$= \frac{\dfrac{2\sin x\cos x}{\cos^2 x}}{\dfrac{\sin^2 x + \cos^2 x}{\cos^2 x}} = \frac{2\tan x}{1+\tan^2 x}$$
$$\cos 2x = \cos^2 x - \sin^2 x = \frac{\cos^2 x - \sin^2 x}{\cos^2 x + \sin^2 x}$$
$$= \frac{\dfrac{\cos^2 x - \sin^2 x}{\cos^2 x}}{\dfrac{\cos^2 x + \sin^2 x}{\cos^2 x}} = \frac{1-\tan^2 x}{1+\tan^2 x}$$

例 1 证明

第3章 以加法定理为基础的恒等式

$$\frac{\sin\alpha+\sin 2\alpha}{1+\cos\alpha+\cos 2\alpha}=\tan\alpha$$

证明

$$左边=\frac{\sin\alpha+2\sin\alpha\cos\alpha}{1+\cos\alpha+2\cos^2\alpha-1}$$

$$=\frac{\sin\alpha(1+2\cos\alpha)}{\cos\alpha(1+2\cos\alpha)}=\frac{\sin\alpha}{\cos\alpha}=\tan\alpha=右边$$

例2 证明

$$\tan x+\sec x=\tan\left(\frac{x}{2}+\frac{\pi}{4}\right)$$

分析 因右边出现 $\frac{x}{2}$,而左边只出现 x,所以想到 $x=2\cdot\frac{x}{2}$,因此应用倍角公式.

证明

$$左边=\frac{\sin x}{\cos x}+\frac{1}{\cos x}=\frac{\sin x+1}{\cos x}$$

$$=\frac{2\sin\frac{x}{2}\cos\frac{x}{2}+\sin^2\frac{x}{2}+\cos^2\frac{x}{2}}{\cos^2\frac{x}{2}-\sin^2\frac{x}{2}}$$

$$=\frac{\left(\sin\frac{x}{2}+\cos\frac{x}{2}\right)^2}{\left(\cos\frac{x}{2}+\sin\frac{x}{2}\right)\left(\cos\frac{x}{2}-\sin\frac{x}{2}\right)}$$

$$=\frac{\sin\frac{x}{2}+\cos\frac{x}{2}}{\cos\frac{x}{2}-\sin\frac{x}{2}}$$

$$=\frac{\left(\sin\frac{x}{2}+\cos\frac{x}{2}\right)\Big/\cos\frac{x}{2}}{\left(\cos\frac{x}{2}-\sin\frac{x}{2}\right)\Big/\cos\frac{x}{2}}=\frac{\tan\frac{x}{2}+1}{1-\tan\frac{x}{2}}$$

三角恒等式

$$= \frac{\tan \frac{x}{2} + \tan \frac{\pi}{4}}{1 - \tan \frac{\pi}{4} \tan \frac{x}{2}} = \tan\left(\frac{x}{2} + \frac{\pi}{4}\right) = 右边$$

注 这里应用的关系式

$$\sin x + 1 = \left(\sin \frac{x}{2} + \cos \frac{x}{2}\right)^2$$

$$\cos x = \left(\cos \frac{x}{2} + \sin \frac{x}{2}\right)\left(\cos \frac{x}{2} - \sin \frac{x}{2}\right)$$

是常用的解题技巧.

例 3 证明

$$\tan(30°+A)\tan(30°-A) = \frac{2\cos 2A - 1}{2\cos 2A + 1}$$

证明

$$左边 = \frac{\frac{\sqrt{3}}{3} + \tan A}{1 - \frac{\sqrt{3}}{3}\tan A} \cdot \frac{\frac{\sqrt{3}}{3} - \tan A}{1 + \frac{\sqrt{3}}{3}\tan A}$$

$$= \frac{1 - 3\tan^2 A}{3 - \tan^2 A} = \frac{1 - 3\frac{\sin^2 A}{\cos^2 A}}{3 - \frac{\sin^2 A}{\cos^2 A}} = \frac{\cos^2 A - 3\sin^2 A}{3\cos^2 A - \sin^2 A}$$

$$右边 = \frac{2(\cos^2 A - \sin^2 A) - (\sin^2 A + \cos^2 A)}{2(\cos^2 A - \sin^2 A) + (\sin^2 A + \cos^2 A)}$$

$$= \frac{\cos^2 A - 3\sin^2 A}{3\cos^2 A - \sin^2 A}$$

于是,左边=右边,恒等式得证.

例 4 试证

$$\frac{\cos 3\alpha - \sin 3\alpha}{\sin \alpha + \cos \alpha} = 1 - 2\sin 2\alpha$$

证明

第3章 以加法定理为基础的恒等式

$$\text{左边} = \frac{(4\cos^3\alpha - 3\cos\alpha) - (3\sin\alpha - 4\sin^3\alpha)}{\sin\alpha + \cos\alpha}$$

$$= \frac{4(\sin^3\alpha + \cos^3\alpha) - 3(\sin\alpha + \cos\alpha)}{\sin\alpha + \cos\alpha}$$

$$= \frac{(\sin\alpha + \cos\alpha)[4(\sin^2\alpha - \sin\alpha\cos\alpha + \cos^2\alpha) - 3]}{\sin\alpha + \cos\alpha}$$

$$= 4(1 - \sin\alpha\cos\alpha) - 3 = 1 - 4\sin\alpha\cos\alpha$$

$$= 1 - 2\sin 2\alpha = \text{右边}$$

练习题

证明下列等式：

21. (1) $\cot\alpha - \tan\alpha = 2\cot 2\alpha$.

(2) $\dfrac{1-\cos\alpha+\sin\alpha}{1+\cos\alpha+\sin\alpha} = \tan\dfrac{\alpha}{2}$.

(3) $\tan 2\theta + \sec 2\theta = \dfrac{\cos\theta + \sin\theta}{\cos\theta - \sin\theta}$.

(4) $\dfrac{1+\sin 2\theta}{\sin\theta + \cos\theta} = \sqrt{2}\sin\left(\dfrac{\pi}{4} + \theta\right)$.

(5) $\dfrac{1+\sin A}{1+\cos A} = \dfrac{1}{2}\left(1 + \tan\dfrac{A}{2}\right)^2$.

(6) $\tan^2\dfrac{A}{2} = \dfrac{2\sin A - \sin 2A}{2\sin A + \sin 2A}$.

22. (1) $\sin 3\alpha\cos^3\alpha + \cos 3\alpha\sin^3\alpha = \dfrac{3}{4}\sin 4\alpha$.

(2) $\sin 3\alpha\sin^3\alpha + \cos 3\alpha\cos^3\alpha = \cos^3 2\alpha$.

(3) $\cot A + \cot\left(\dfrac{\pi}{3} + A\right) + \cot\left(\dfrac{2\pi}{3} + A\right) = 3\cot 3A$.

23. $\tan A + 2\tan 2A + 4\tan 4A = \cot A - 8\cot 8A$.

24. $\sin^6\theta + \cos^6\theta = \dfrac{5}{8} + \dfrac{3}{8}\cos 4\theta$.

25. $\sin 5x = 5\sin x - 20\sin^3 x + 16\sin^5 x$.

三角恒等式

§4　应用半角公式证明的恒等式

半角公式是指下列三个公式

$$\sin\frac{A}{2}=\pm\sqrt{\frac{1-\cos A}{2}}$$

$$\cos\frac{A}{2}=\pm\sqrt{\frac{1+\cos A}{2}}$$

$$\tan\frac{A}{2}=\pm\sqrt{\frac{1-\cos A}{1+\cos A}}$$

其中"±"号由 $\frac{A}{2}$ 所在的象限决定.

在恒等变形中它们常常以平方形式出现

$$\sin^2\frac{A}{2}=\frac{1-\cos A}{2}$$

$$\cos^2\frac{A}{2}=\frac{1+\cos A}{2}$$

$$\tan^2\frac{A}{2}=\frac{1-\cos A}{1+\cos A}$$

关于正切的半角公式,还有

$$\tan\frac{A}{2}=\frac{1-\cos A}{\sin A}=\frac{\sin A}{1+\cos A}$$

其证明如下

$$\tan\frac{A}{2}=\frac{\sin\frac{A}{2}}{\cos\frac{A}{2}}=\frac{2\sin^2\frac{A}{2}}{\cos\frac{A}{2}\cdot 2\sin\frac{A}{2}}=\frac{1-\cos A}{\sin A}$$

$$\frac{1-\cos A}{\sin A}=\frac{(1-\cos A)(1+\cos A)}{\sin A(1+\cos A)}=\frac{1-\cos^2 A}{\sin A(1+\cos A)}$$

$$=\frac{\sin^2 A}{\sin A(1+\cos A)}=\frac{\sin A}{1+\cos A}$$

第3章 以加法定理为基础的恒等式

注意,这个公式的优点是不含根号.

例1 应用半角公式证明第3章§3的例2.

证明

$$\text{右边} = \tan\frac{1}{2}\left(x+\frac{\pi}{2}\right) = \frac{1-\cos\left(x+\frac{\pi}{2}\right)}{\sin\left(x+\frac{\pi}{2}\right)}$$

$$= \frac{1+\sin x}{\cos x} = \frac{1}{\cos x} + \frac{\sin x}{\cos x} = \sec x + \tan x$$

$$= \text{左边}$$

例2 证明

$$\sin\frac{\alpha}{2} = \frac{1}{2}\left(\pm\sqrt{1+\sin\alpha} \pm \sqrt{1-\sin\alpha}\right)$$

$$\cos\frac{\alpha}{2} = \frac{1}{2}\left(\pm\sqrt{1+\sin\alpha} \mp \sqrt{1-\sin\alpha}\right)$$

其中"±"号由 $\frac{\alpha}{2}$ 所在的象限决定.

证明 因为

$$\left(\sin\frac{\alpha}{2} + \cos\frac{\alpha}{2}\right)^2 = 1+\sin\alpha$$

$$\left(\sin\frac{\alpha}{2} - \cos\frac{\alpha}{2}\right)^2 = 1-\sin\alpha$$

所以

$$\sin\frac{\alpha}{2} + \cos\frac{\alpha}{2} = \pm\sqrt{1+\sin\alpha} \tag{1}$$

$$\sin\frac{\alpha}{2} - \cos\frac{\alpha}{2} = \pm\sqrt{1-\sin\alpha} \tag{2}$$

将式(1),(2)分别加、减即得结果.

注 本例的公式的特点是通过 $\sin\alpha$ 表示出 $\sin\frac{\alpha}{2}$ 和 $\cos\frac{\alpha}{2}$,困难在于"±"号的选取及搭配.容易验证,

三角恒等式

当 $\dfrac{\alpha}{2}$ 的终边落在直线 $y=x$ 及 $y=-x$（即 PP'，QQ'）所交成的四个角内时，$\sin\dfrac{\alpha}{2}\pm\cos\dfrac{\alpha}{2}$ 的符号情况如图 1 所示.

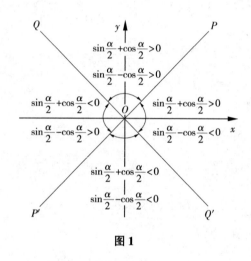

图 1

这可使我们很容易地确定公式(1)和(2)中的"$\pm$"号.

例 3 设 $\left(4n-\dfrac{1}{2}\right)\pi<x<\left(4n+\dfrac{1}{2}\right)\pi$（$n$ 为任意整数），求证

$$\dfrac{\cos\dfrac{x}{2}}{\sqrt{1+\sin x}}+\dfrac{\sin\dfrac{x}{2}}{\sqrt{1-\sin x}}=\sec x$$

证明 因为

$$\left(2n-\dfrac{1}{4}\right)\pi<\dfrac{x}{2}<\left(2n+\dfrac{1}{4}\right)\pi$$

所以 $\dfrac{x}{2}$ 的终边在 $\angle POQ'$ 中（图 1），于是由例 2 得

第3章 以加法定理为基础的恒等式

$$\sin \frac{x}{2} = \frac{1}{2}\left[\left(\sin \frac{x}{2}+\cos \frac{x}{2}\right)+\left(\sin \frac{x}{2}-\cos \frac{x}{2}\right)\right]$$

$$= \frac{1}{2}[+\sqrt{1+\sin x}+(-\sqrt{1-\sin x})]$$

（因为式(1)右边取"+"号,式(2)右边取"−"号）

$$= \frac{1}{2}(\sqrt{1+\sin x}-\sqrt{1-\sin x})$$

$$\cos \frac{x}{2} = \frac{1}{2}\left[\left(\sin \frac{x}{2}+\cos \frac{x}{2}\right)-\left(\sin \frac{x}{2}-\cos \frac{\alpha}{2}\right)\right]$$

$$= \frac{1}{2}[+\sqrt{1+\sin x}-(-\sqrt{1-\sin x})]$$

$$= \frac{1}{2}(\sqrt{1+\sin x}+\sqrt{1-\sin x})$$

从而欲证之式的

$$左边 = \frac{1}{2} \cdot \frac{\sqrt{1+\sin x}+\sqrt{1-\sin x}}{\sqrt{1+\sin x}}+$$

$$\frac{1}{2} \cdot \frac{\sqrt{1+\sin x}-\sqrt{1-\sin x}}{\sqrt{1-\sin x}}$$

$$= \frac{1}{2}\left[1+\frac{\sqrt{1-\sin x}}{\sqrt{1+\sin x}}+\frac{\sqrt{1+\sin x}}{\sqrt{1-\sin x}}-1\right]$$

$$= \frac{1}{2} \cdot \frac{1-\sin x+1+\sin x}{\sqrt{\cos^2 x}} = \frac{1}{2} \cdot \frac{2}{|\cos x|}$$

最后注意 x 在第 Ⅰ, Ⅱ 象限中, 所以

$$上式 = \frac{1}{\cos x} = \sec x = 右边$$

于是恒等式得证.

练习题

26. 求证:

(1) $\sin \frac{A}{2} = \frac{1}{2}(-\sqrt{1+\sin A}-\sqrt{1-\sin A})(450° <$

三角恒等式

$A < 630°$.

(2) $\tan \dfrac{x}{2} = \dfrac{-1 \pm \sqrt{1+\tan^2 x}}{\tan x}$ ("±"号由 $\dfrac{x}{2}$ 所在的象限决定).

27. 求证

$2\sin^2 A \sin^2 B + 2\cos^2 A \cos^2 B = 1 + \cos 2A \cos 2B$

§5 应用和积互化公式证明的恒等式

和差化积公式是指下列四个公式

$$\sin A + \sin B = 2\sin\dfrac{A+B}{2}\cos\dfrac{A-B}{2}$$

$$\sin A - \sin B = 2\cos\dfrac{A+B}{2}\sin\dfrac{A-B}{2}$$

$$\cos A + \cos B = 2\cos\dfrac{A+B}{2}\cos\dfrac{A-B}{2}$$

$$\cos A - \cos B = -2\sin\dfrac{A+B}{2}\sin\dfrac{A-B}{2}$$

另外,下列四个公式也常用到

$$\tan A \pm \tan B = \dfrac{\sin(A \pm B)}{\cos A \cos B} \tag{1}$$

$$\sin A \pm \cos A = \sqrt{2}\sin\left(A \pm \dfrac{\pi}{4}\right) \tag{2}$$

公式(1)的证明请见第 3 章 §1 的练习 10,公式(2)的证明可见第 3 章 §1 的练习 15.

积化和差公式有下列四个公式

$$\sin x \cos y = \dfrac{1}{2}[\sin(x+y) + \sin(x-y)]$$

第3章 以加法定理为基础的恒等式

$$\cos x \sin y = \frac{1}{2}[\sin(x+y) - \sin(x-y)]$$

$$\cos x \cos y = \frac{1}{2}[\cos(x+y) + \cos(x-y)]$$

$$\sin x \sin y = -\frac{1}{2}[\cos(x+y) - \cos(x-y)]$$

上面这两组公式应用很广泛,也很灵活.

例1 求证:

(1) $\sin 4x = 2\sin x \cos 3x + \sin 2x$.

(2) $\sin \alpha \cos^2 \alpha = \frac{1}{4}\sin \alpha + \frac{1}{4}\sin 3\alpha$.

证明

(1) 因为
$$\sin 4x - \sin 2x = 2\cos 3x \sin x$$
所以得到
$$\sin 4x = 2\sin x \cos 3x + \sin 2x$$

(2) 左边 $= (\sin \alpha \cos \alpha)\cos \alpha$

$\quad = \frac{1}{2}\sin 2\alpha \cdot \cos \alpha$

$\quad = \frac{1}{2} \cdot \frac{1}{2}(\sin 3\alpha + \sin \alpha)$

$\quad = \frac{1}{4}\sin \alpha + \frac{1}{4}\sin 3\alpha =$ 右边

或者

左边 $= \sin \alpha \cdot \frac{1+\cos 2\alpha}{2}$

$\quad = \frac{1}{2}\sin \alpha + \frac{1}{2}\sin \alpha \cos 2\alpha$

$\quad = \frac{1}{2}\sin \alpha + \frac{1}{2} \cdot \frac{1}{2}[\sin 3\alpha + \sin(-\alpha)]$

三角恒等式

$=\dfrac{1}{4}\sin\alpha+\dfrac{1}{4}\sin 3\alpha=$右边

例 2 应用和积互化公式证明第 3 章 §1 的例 1.

证法 1

$\sin^2 x - \sin^2 y$

$\quad =(\sin x+\sin y)(\sin x-\sin y)$

$\quad =2\sin\dfrac{x+y}{2}\cos\dfrac{x-y}{2} \cdot 2\cos\dfrac{x+y}{2}\sin\dfrac{x-y}{2}$

$\quad =\left(2\sin\dfrac{x+y}{2}\cos\dfrac{x+y}{2}\right)\left(2\sin\dfrac{x-y}{2}\cos\dfrac{x-y}{2}\right)$

$\quad =\sin(x+y)\sin(x-y)$

证法 2

$\sin(x+y)\sin(x-y)$

$\quad =-\dfrac{1}{2}(\cos 2x-\cos 2y)$

$\quad =-\dfrac{1}{2}\left[(1-2\sin^2 x)-(1-2\sin^2 y)\right]$

$\quad =-\dfrac{1}{2} \cdot 2(-\sin^2 x+\sin^2 y)$

$\quad =\sin^2 x-\sin^2 y$

例 3 用和积互化公式证明第 3 章 §2 的例 2.

证明

$\sin(-A+B+C)+\sin(A-B+C)+$

$\quad \sin(A+B-C)-\sin(A+B+C)$

$=\{\sin[A+(B-C)]+\sin[A-(B-C)]\}+$

$\quad \{\sin[(B+C)-A]-\sin[(B+C)+A]\}$

$=2\sin A\cos(B-C)+2\cos(B+C)\sin(-A)$

$=2\sin A[\cos(B-C)-\cos(B+C)]$

第 3 章 以加法定理为基础的恒等式

$$= 2\sin A \cdot [-2\sin B\sin(-C)]$$
$$= 4\sin A\sin B\sin C$$

例 4 求证

$$\frac{\sin 2x + \cos 2y}{\sin 2x - \cos 2y} = \frac{\tan(x+y+45°)}{\tan(x-y-45°)}$$

证明

$$左边 = \frac{\sin 2x + \sin(90°+2y)}{\sin 2x - \sin(90°+2y)}$$
$$= \frac{2\sin(x+y+45°)\cos(x-y-45°)}{2\cos(x+y+45°)\sin(x-y-45°)}$$
$$= \tan(x+y+45°)\cot(x-y-45°) = 右边$$

例 5 证明

$$\cos^2\left(\alpha+\frac{\pi}{12}\right) + \cos^2\left(\alpha-\frac{\pi}{12}\right) - \frac{\sqrt{3}}{2}\cos 2\alpha = 1$$

证明

$$左边 = \frac{1}{2}\left[1+\cos\left(2\alpha+\frac{\pi}{6}\right)\right] +$$
$$\frac{1}{2}\left[1+\cos\left(2\alpha-\frac{\pi}{6}\right)\right] - \frac{\sqrt{3}}{2}\cos 2\alpha$$
$$= 1 + \frac{1}{2}\left[\cos\left(2\alpha+\frac{\pi}{6}\right)+\cos\left(2\alpha-\frac{\pi}{6}\right)\right] - \frac{\sqrt{3}}{2}\cos 2\alpha$$
$$= 1 + \cos 2\alpha \cos\frac{\pi}{6} - \frac{\sqrt{3}}{2}\cos 2\alpha = 1 = 右边$$

练习题

28. 证明恒等式：

(1) $\sin\alpha\cos^3\alpha = \frac{1}{4}\sin 2\alpha + \frac{1}{8}\sin 4\alpha$.

(2) $\sin 3x = 4\sin x\sin\left(\frac{\pi}{3}+x\right)\sin\left(\frac{\pi}{3}-x\right)$.

(3) $\cos\alpha + \cos 3\alpha + \cos 5\alpha + \cos 7\alpha = 4\cos\alpha\cos 2\alpha \cdot$

三角恒等式

$\cos 4\alpha$.

(4) $\sin A\sin(A+2B)-\sin B\sin(B+2A)=\sin(A-B)\sin(A+B)$.

(5) $\dfrac{\cos 2A\cos 3A-\cos 2A\cos 7A+\cos A\cos 10A}{\sin 4A\sin 3A-\sin 2A\sin 5A+\sin 4A\sin 7A}$
$=\cot 6A\cot 5A$.

29. 用和积互化公式证明练习 19(2).

30. 求证

$$\sin(A-B)+\sin(B-C)+\sin(C-A)$$
$$=-4\sin\dfrac{B-C}{2}\sin\dfrac{C-A}{2}\sin\dfrac{A-B}{2}$$

31. 证明恒等式：

(1) $\dfrac{\sin(\alpha-\beta)}{\sin\alpha\sin\beta}+\dfrac{\sin(\beta-\gamma)}{\sin\beta\sin\gamma}+\dfrac{\sin(\gamma-\alpha)}{\sin\gamma\sin\alpha}=0$.

(2) $\cos\left(\dfrac{2\pi}{3}+\theta\right)\cos\left(\dfrac{2\pi}{3}-\theta\right)+\cos\left(\dfrac{2\pi}{3}+\theta\right)\cos\theta+\cos\left(\dfrac{2\pi}{3}-\theta\right)\cos\theta=-\dfrac{3}{4}$.

(3) $\tan(A+60°)\tan(A-60°)+\tan A\tan(A+60°)+\tan(A-60°)\tan A=-3$.

§6 辅助角

在和差化积问题中，有时引进适当的辅助角就可很容易化和差为乘积. 下面提出几个常见的引入辅助角的方法.

1° $\quad a\sin x+b\cos x(a,b\neq 0)$.

我们令(图2)

$$b=r\cos\Psi,\ a=r\sin\Psi\ (r>0)$$

则有
$$r=\sqrt{a^2+b^2}$$
$$\tan \Psi = \frac{a}{b}$$

于是
$$a\sin x + b\cos x = \gamma\cos(x-\Psi)$$

这种变形很常见,特别在有关振动的问题中,它是很有用的.

2° $a\pm b(a,b\neq 0)$.

令
$$\alpha = \arctan \frac{b}{a}$$

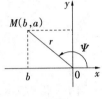

图 2

亦即
$$\tan \alpha = \frac{b}{a}$$

则
$$a\pm b = a\left(1+\frac{b}{a}\right) = a(1\pm \tan \alpha)$$
$$= a\left(\tan \frac{\pi}{4} \pm \tan \alpha\right)$$
$$= a \cdot \frac{\sin\left(\frac{\pi}{4}\pm\alpha\right)}{\cos \frac{\pi}{4}\cos \alpha}[见第 3 章§5,公式(1)]$$
$$= \frac{\sqrt{2}\sin\left(\frac{\pi}{4}\pm\alpha\right)}{\cos \alpha}$$

3° $a^2-b^2(|b|<|a|)$

若令 $\alpha = \arcsin \frac{b}{a}$,即 $\sin \alpha = \frac{b}{a}$,于是

三角恒等式

$$a^2-b^2=a^2(1-\sin^2\alpha)=a^2\cos^2\alpha$$

若令 $\beta=\arccos\dfrac{b}{a}$,则

$$a^2-b^2=a^2\sin^2\beta$$

或者

$$a^2-b^2=b^2\left(\dfrac{a^2}{b^2}-1\right)=b^2(\sec^2\beta-1)=b^2\tan^2\beta$$

4° $\quad a^2+b^2$.

令 $\alpha=\arctan\dfrac{b}{a}$,即 $\tan\alpha=\dfrac{b}{a}$,于是

$$a^2+b^2=a^2\sec^2\alpha$$

下面给出几个应用例子.

例1 化为乘积形式.

(1) $\sqrt{3}\sin x+\cos x$.

(2) $2\sin x-3\cos x$.

解 (1) $\sqrt{3}\sin x+\cos x=2\left(\sin x\cdot\dfrac{\sqrt{3}}{2}+\cos x\cdot\dfrac{1}{2}\right)$

$$=2\left(\sin x\cos\dfrac{\pi}{6}+\cos x\sin\dfrac{\pi}{6}\right)$$

$$=2\sin\left(x+\dfrac{\pi}{6}\right)$$

(2) 根据 1° 的方法,可得

$$2\sin x-3\cos x=\sqrt{13}\left(\sin x\cdot\dfrac{2}{\sqrt{13}}-\cos x\cdot\dfrac{3}{\sqrt{13}}\right)$$

$$=\sqrt{13}(\sin x\cos\alpha-\cos x\sin\alpha)$$

$$=\sqrt{13}\sin(x-\alpha)$$

其中已设

$$\cos\alpha=\dfrac{2}{\sqrt{13}},\ \sin\alpha=\dfrac{3}{\sqrt{13}},\alpha=56°18'$$

例2 把余弦定理中的表达式

$$S=a^2+b^2-2ab\cos\alpha\ (a\ne b)$$

第 3 章 以加法定理为基础的恒等式

表成乘积形式.

解法 1

$$S = (a^2+b^2)\left(\sin^2\frac{\alpha}{2}+\cos^2\frac{\alpha}{2}\right) - 2ab\left(\cos^2\frac{\alpha}{2}-\sin^2\frac{\alpha}{2}\right)$$

$$= (a+b)^2\sin^2\frac{\alpha}{2}+(a-b)^2\cos^2\frac{\alpha}{2}$$

$$= (a-b)^2\cos^2\frac{\alpha}{2}\left[1+\left(\frac{a+b}{a-b}\tan\frac{\alpha}{2}\right)^2\right]$$

令 $\tan\varphi = \dfrac{a+b}{a-b} \cdot \tan\dfrac{\alpha}{2}$,即得

$$S = (a-b)^2\cos^2\frac{\alpha}{2}\sec^2\varphi$$

解法 2 仿上求得

$$S = (a+b)^2\sin^2\frac{\alpha}{2}+(a-b)^2\cos^2\frac{\alpha}{2}$$

$$= (a+b)^2\sin^2\frac{\alpha}{2}+(a-b)^2\left(1-\sin^2\frac{\alpha}{2}\right)$$

$$= (a-b)^2+4ab\sin^2\frac{\alpha}{2}$$

$$= (a-b)^2\left[1+\frac{4ab}{(a-b)^2}\sin^2\frac{\alpha}{2}\right]$$

令 $\dfrac{4ab}{(a-b)^2}\sin^2\dfrac{\alpha}{2}=\tan^2\Psi$,则得

$$S = (a-b)^2\sec^2\Psi$$

练习题

32.(1)如 $\dfrac{a}{b} > 0$,则存在 α,使

$$a+b = a\sec^2\alpha, \quad a-b = \frac{a\cos 2\alpha}{\cos^2\alpha}$$

(2) 存在 α,使 $\dfrac{a-b}{a+b}=\tan\left(\dfrac{\pi}{4}-\alpha\right)$.

33. 如果 $a>0,b>0$,则对例 2 中的 S,存在 φ 使
$$S=(a+b)^2\cos^2\varphi$$

34. 设 $P=a\cos^2\theta+2b\sin\theta\cos\theta+c\sin^2\theta, m=\dfrac{a-c}{2}$, $\tan\alpha=\dfrac{m}{b}$,则 $P=\dfrac{a+c}{2}+\sqrt{m^2+b^2}\sin(2\theta+\alpha)$.

§7 综合性恒等式

这里的例子表明如何综合使用前面各种公式来证明恒等式.

例 1 求证
$$\frac{2\sin A}{\cos A+\cos 3A}=\tan 2A-\tan A$$

分析 若试图从左边推导出右边,应当设法产生 $2A$ 的三角函数,于是想到凑出 $\sin A=\sin(2A-A)$.

证明

左边 $=\dfrac{2\sin(2A-A)}{2\cos 2A\cos A}$

$=\dfrac{\sin 2A\cos A-\cos 2A\sin A}{\cos 2A\cos A}=\dfrac{\sin 2A}{\cos 2A}-\dfrac{\sin A}{\cos A}$

$=\tan 2A-\tan A=$ 右边

例 2 求证
$$2\sin x+\sin 2x=\dfrac{2\sin^3 x}{1-\cos x}$$

证明

左边 $=2\sin x+2\sin x\cos x$

第 3 章　以加法定理为基础的恒等式

$$= 2\sin x(1+\cos x) = \frac{2\sin x(1+\cos x)(1-\cos x)}{1-\cos x}$$

$$= \frac{2\sin x(1-\cos^2 x)}{1-\cos x} = \frac{2\sin^3 x}{1-\cos x} = 右边$$

例 3　求证

$$(\cos x + \cos y)^2 + (\sin x + \sin y)^2 = 4\cos^2 \frac{x-y}{2}$$

证明

$$\begin{aligned}
左边 &= \cos^2 x + 2\cos x\cos y + \cos^2 y + \sin^2 x + \\
&\quad 2\sin x\sin y + \sin^2 y \\
&= (\cos^2 x + \sin^2 x) + (\cos^2 y + \sin^2 y) + \\
&\quad 2(\cos x\cos y + \sin x\sin y) \\
&= 2 + 2\cos(x-y) = 2[1+\cos(x-y)] \\
&= 4\cos^2 \frac{x-y}{2} = 右边
\end{aligned}$$

例 4　求证

$$(1-\sin\theta)(1-\sin\phi) = \left(\sin\frac{\theta+\phi}{2} - \cos\frac{\theta-\phi}{2}\right)^2$$

分析　右边比左边复杂,但展开后易用半角公式及和积互化式处理,所以从右边入手.

证明

$$\begin{aligned}
右边 &= \sin^2\frac{\theta+\phi}{2} + \cos^2\frac{\theta-\phi}{2} - 2\sin\frac{\theta+\phi}{2}\cos\frac{\theta-\phi}{2} \\
&= \frac{1}{2}[1-\cos(\theta+\phi) + 1+\cos(\theta-\phi)] - \\
&\quad (\sin\theta + \sin\phi) \\
&= 1 - \sin\theta - \sin\phi + \frac{1}{2}[\cos(\theta-\phi) - \cos(\theta+\phi)] \\
&= 1 - \sin\theta - \sin\phi + \sin\theta\sin\phi \\
&= (1-\sin\theta) - \sin\phi(1-\sin\theta)
\end{aligned}$$

三角恒等式

$= (1-\sin\theta)(1-\sin\phi) = $ 左边

例 5 求证
$$\sin^2\alpha + \sin^2\beta + \sin^2\gamma + 2\cos\alpha\cos\beta\cos\gamma$$
$$= 2 + 4\sin\frac{\alpha-\beta+\gamma}{2}\sin\frac{\gamma-\alpha+\beta}{2} \cdot$$
$$\sin\frac{\alpha+\beta+\gamma}{2}\sin\frac{\alpha+\beta-\gamma}{2}$$

证明

左边 $= \dfrac{1}{2}(1-\cos 2\alpha) + \dfrac{1}{2}(1-\cos 2\beta) + (1-\cos^2\gamma) +$
$[\cos(\alpha+\beta) + \cos(\alpha-\beta)]\cos\gamma$
$= 2 - \dfrac{1}{2}(\cos 2\alpha + \cos 2\beta) - \cos^2\gamma +$
$\cos(\alpha+\beta)\cos\gamma + \cos(\alpha-\beta)\cos\gamma$
$= 2 - \cos(\alpha+\beta)\cos(\alpha-\beta) - \cos^2\gamma + \cos(\alpha+\beta) \cdot$
$\cos\gamma + \cos(\alpha-\beta)\cos\gamma$
$= 2 - [\cos(\alpha-\beta) - \cos\gamma][\cos(\alpha+\beta) - \cos\gamma]$
$= 2 + 4\sin\dfrac{\alpha-\beta+\gamma}{2}\sin\dfrac{\gamma-\alpha+\beta}{2}\sin\dfrac{\alpha+\beta+\gamma}{2} \cdot$
$\sin\dfrac{\alpha+\beta-\gamma}{2} = $ 右边

例 6 求证
$$\tan 3A - \tan 2A - \tan A = \tan 3A \tan 2A \tan A$$

证明 由
$$\tan 3A = \tan(2A + A)$$
知
$$\tan 3A = \frac{\tan 2A + \tan A}{1 - \tan 2A \tan A}$$
去分母,即得结果.

例 7 求证

$$(\sin \alpha + \sin 2\alpha + \sin 3\alpha)^3 - \sin^3 \alpha - \sin^3 2\alpha - \sin^3 3\alpha$$
$$= 24 \sin \frac{3}{2}\alpha \sin \frac{5}{2}\alpha \sin 2\alpha \cos^2 \frac{\alpha}{2} \cos \alpha$$

分析 直接应用三角公式是很困难的,因此要应用代数中因式分解的技巧.

证明 在代数中,有因式分解
$$(x+y+z)^3 - x^3 - y^3 - z^3$$
$$= [(x+y+z)^3 - x^3] - (y^3 + z^3)$$
$$= [(x+y+z) - x][(x+y+z)^2 + x(x+y+z) + x^2] - (y+z)(y^2 - yz + z^2)$$
$$= (y+z)[(x+y+z)^2 + x(x+y+z) + x^2 - y^2 + yz - z^2]$$
$$= (y+z)(3x^2 + 3xy + 3yz + 3zx)$$
$$= 3(y+z)[x(x+y) + z(x+y)]$$
$$= 3(x+y)(y+z)(z+x)$$

于是在要证的恒等式中

左边 $= 3(\sin \alpha + \sin 2\alpha)(\sin 2\alpha + \sin 3\alpha)(\sin 3\alpha + \sin \alpha)$

$$= 3 \cdot 2\sin \frac{3}{2}\alpha \cos \frac{\alpha}{2} \cdot 2\sin \frac{5}{2}\alpha \cos \frac{\alpha}{2} \cdot 2\sin 2\alpha \cos \alpha$$

$$= 24 \sin \frac{3}{2}\alpha \sin \frac{5}{2}\alpha \sin 2\alpha \cos^2 \frac{\alpha}{2} \cos \alpha = 右边$$

我们最后给出一个具体数值用到恒等变形的技巧的例子.

例8 求值
$$P = \tan 20° \tan 40° \tan 60° \tan 80°$$

分析 因 $\tan \alpha = \dfrac{\sin \alpha}{\cos \alpha}$,故分别考虑 $\sin 20° \sin 40° \cdot \sin 80°$,以及 $\cos 20° \cos 40° \cos 80°$,并且要注意这里出现的角度之间有倍数关系.

三角恒等式

证明

$$\sin 20°\sin 40°\sin 80° = \frac{1}{2}(\cos 20° - \cos 60°)\sin 80°$$

$$= \frac{1}{2}(\cos 20°\sin 80° - \frac{1}{2}\sin 80°)$$

$$= \frac{1}{2}\left[\frac{1}{2}(\sin 100° + \sin 60°) - \frac{1}{2}\sin 80°\right]$$

$$= \frac{1}{2}\left[\frac{1}{2}(\sin 80° + \frac{1}{2}\sin 60° - \frac{1}{2}\sin 80°\right]$$

$$= \frac{1}{4}\sin 60° = \frac{\sqrt{3}}{8}$$

$$\cos 20°\cos 40°\cos 80°$$

$$= \frac{\sin 40°}{2\sin 20°} \cdot \frac{\sin 80°}{2\sin 40°} \cdot \frac{\sin 160°}{2\sin 80°}$$

$$= \frac{\sin 160°}{8\sin 20°} = \frac{\sin 20°}{8\sin 20°} = \frac{1}{8}$$

于是

$$P = \frac{\sin 20°\sin 40°\sin 80°}{\cos 20°\cos 40°\cos 80°} \times \tan 60° = \sqrt{3} \times \sqrt{3} = 3$$

练习题

35. 求证：

(1) $\sin x + \sin 3x + \sin 5x = \dfrac{\sin^2 3x}{\sin x}$.

(2) $\cos 2x = \dfrac{1}{1 + \tan x \tan 2x}$.

(3) $\tan 3x \tan x = \dfrac{\tan^2 2x - \tan^2 x}{1 - \tan^2 2x \tan^2 x}$.

(4) $\dfrac{\sin 3x}{\sin x} - \dfrac{\sin 3y}{\sin y} = 4\sin(y+x)\sin(y-x)$.

(5) $\sin^2 A + \sin^2 B = \sin^2(A+B) - 2\sin A \sin B \cdot \cos(A+B)$.

(6) $\sin 3x = \dfrac{\sin^2 2x - \sin^2 x}{\sin x}$.

(7) $\csc A\csc 2A + \csc 2A\csc 3A = \csc A \cdot (\cot A - \cot 3A)$.

(8) $\sin\alpha + \sin\beta + \sin\gamma - \sin(\alpha+\beta+\gamma) = 4\sin\dfrac{\alpha+\beta}{2} \cdot \sin\dfrac{\beta+\gamma}{2}\sin\dfrac{\gamma+\alpha}{2}$.

(9) $\dfrac{\cot A}{1+\cot A} \cdot \dfrac{\cot\left(\dfrac{\pi}{4}-A\right)}{1+\cot\left(\dfrac{\pi}{4}-A\right)} = \dfrac{1}{2}$.

(10) $\cot^2 2x - \tan^2 2x - 8\cos 4x\cot 4x = \dfrac{8\cos 4x\sin^2\left(\dfrac{\pi}{4}-4x\right)}{\sin^2 4x}$.

(11) $(x\tan\alpha + y\cot\alpha)(x\cot\alpha + y\tan\alpha) = (x+y)^2 + 4xy\cot^2 2\alpha$.

36. 证明：

(1) $\cos 10° + \cos 110° + \cos 130° = 0$.

(2) $\tan 9° - \tan 27° - \tan 63° + \tan 81° = 4$.

(3) $\dfrac{1}{\sin 10°} - \dfrac{\sqrt{3}}{\cos 10°} = 4$.

(4) $\tan 20° + \tan 40° + \sqrt{3}\tan 20°\tan 40° = \sqrt{3}$.

§8　附条件的恒等式

最常见的一种条件是：恒等式中出现的三个角是一个三角形的三个内角，即其和为 π.

三角恒等式

例1 若 $A+B+C=\pi$,则
$$\sin A + \sin B - \sin C = 4\sin\frac{A}{2}\sin\frac{B}{2}\cos\frac{C}{2}$$

证明
$$左边 = 2\sin\frac{A+B}{2}\cos\frac{A-B}{2} - 2\sin\frac{C}{2}\cos\frac{C}{2}$$

但
$$\frac{A+B}{2} = \frac{\pi}{2} - \frac{C}{2}, \sin\frac{A+B}{2} = \cos\frac{C}{2}$$
$$\sin\frac{C}{2} = \cos\frac{A+B}{2}$$

所以
$$左边 = 2\cos\frac{C}{2}\left(\cos\frac{A-B}{2} - \cos\frac{A+B}{2}\right)$$
$$= 2\cos\frac{C}{2}\left(-2\sin\frac{A}{2}\sin\frac{-B}{2}\right)$$
$$= 4\sin\frac{A}{2}\sin\frac{B}{2}\cos\frac{C}{2} = 右边$$

注 凡附有 $A+B+C=\pi$ 条件的恒等式,证明中往往要用到诱导公式.

例2 若 $A+B+C=\pi$,则
$$\cot\frac{A}{2} + \cot\frac{B}{2} + \cot\frac{C}{2} = \cot\frac{A}{2}\cot\frac{B}{2}\cot\frac{C}{2}$$

证法1
$$左边 = \frac{\cos\frac{A}{2}\sin\frac{B}{2} + \cos\frac{B}{2}\sin\frac{A}{2}}{\sin\frac{A}{2}\sin\frac{B}{2}} + \cot\frac{C}{2}$$
$$= \frac{\sin\left(\frac{A}{2}+\frac{B}{2}\right)}{\sin\frac{A}{2}\sin\frac{B}{2}} + \cot\frac{C}{2}$$

第3章 以加法定理为基础的恒等式

$$=\frac{\cos\frac{C}{2}}{\sin\frac{A}{2}\sin\frac{B}{2}}+\frac{\cos\frac{C}{2}}{\sin\frac{C}{2}}$$

$$=\cos\frac{C}{2}\left(\frac{1}{\sin\frac{A}{2}\sin\frac{B}{2}}+\frac{1}{\sin\frac{C}{2}}\right)$$

$$=\cos\frac{C}{2}\cdot\frac{\sin\frac{C}{2}+\sin\frac{A}{2}\sin\frac{B}{2}}{\sin\frac{A}{2}\sin\frac{B}{2}\sin\frac{C}{2}}$$

$$=\frac{\cos\frac{C}{2}}{\sin\frac{A}{2}\sin\frac{B}{2}\sin\frac{C}{2}}\cdot$$

$$\left(\cos\frac{A+B}{2}+\sin\frac{A}{2}\sin\frac{B}{2}\right)$$

$$=\frac{\cos\frac{C}{2}}{\sin\frac{A}{2}\sin\frac{B}{2}\sin\frac{C}{2}}\cdot\cos\frac{A}{2}\cos\frac{B}{2}$$

$$=\frac{\cos\frac{A}{2}\cos\frac{B}{2}\cos\frac{C}{2}}{\sin\frac{A}{2}\sin\frac{B}{2}\sin\frac{C}{2}}$$

$$=\cot\frac{A}{2}\cot\frac{B}{2}\cot\frac{C}{2}$$

证法 2 在公式(见练习 20)

$$\cot(\alpha+\beta+\gamma)=\frac{\cot\alpha\cot\beta\cot\gamma-\cot\alpha-\cot\beta-\cot\gamma}{\cot\alpha\cot\beta+\cot\alpha\cot\gamma+\cot\beta\cot\gamma-1}$$

中，令 $\alpha=\dfrac{A}{2},\beta=\dfrac{B}{2},\gamma=\dfrac{C}{2}$，那么

$$\alpha+\beta+\gamma=\frac{A+B+C}{2}=\frac{\pi}{2}$$

三角恒等式

从而
$$\cot(\alpha+\beta+\gamma)=0$$
于是
$$\cot\alpha\cot\beta\cot\gamma-\cot\alpha-\cot\beta-\cot\gamma=0$$
这正是所要证的.

另一类常见条件与等差、等比数列有关.

例3 设在 $\triangle ABC$ 中,$\sin A,\sin B,\sin C$ 成等差数列,则 $\cot\dfrac{A}{2},\cot\dfrac{B}{2},\cot\dfrac{C}{2}$ 也成等差数列.

注 这个题目也就是说:如果
$$A+B+C=\pi,\ \sin B-\sin A=\sin C-\sin B$$
则
$$\cot\dfrac{A}{2}-\cot\dfrac{B}{2}=\cot\dfrac{B}{2}-\cot\dfrac{C}{2}$$

证明 由已知条件
$$\sin B-\sin A=\sin C-\sin B$$
即
$$2\sin\dfrac{B-A}{2}\cos\dfrac{B+A}{2}=2\sin\dfrac{C-B}{2}\cos\dfrac{C+B}{2}$$
或
$$\sin\dfrac{B-A}{2}\sin\dfrac{C}{2}=\sin\dfrac{C-B}{2}\sin\dfrac{A}{2}$$
亦即
$$\left(\sin\dfrac{B}{2}\cos\dfrac{A}{2}-\cos\dfrac{B}{2}\sin\dfrac{A}{2}\right)\sin\dfrac{C}{2}$$
$$=\left(\sin\dfrac{C}{2}\cos\dfrac{B}{2}-\cos\dfrac{C}{2}\sin\dfrac{B}{2}\right)\sin\dfrac{A}{2}$$
两边除以 $\sin\dfrac{A}{2}\sin\dfrac{B}{2}\sin\dfrac{C}{2}$,即得
$$\cot\dfrac{A}{2}-\cot\dfrac{B}{2}=\cot\dfrac{B}{2}-\cot\dfrac{C}{2}$$

第 3 章 以加法定理为基础的恒等式

可见 $\cot\dfrac{A}{2}$,$\cot\dfrac{B}{2}$,$\cot\dfrac{C}{2}$ 组成等差数列.

例 4 设 $\tan\alpha$,$\tan\beta$ 是方程 $x^2+px+q=0$ 的根,则
$$\sin^2(\alpha+\beta)+p\sin(\alpha+\beta)\cos(\alpha+\beta)+q\cos^2(\alpha+\beta)=q$$

分析 因为已知条件中包含二次方程,所以想到应用韦达定理.

证明 原式左边可化为
$$\cos^2(\alpha+\beta)[\tan^2(\alpha+\beta)+p\tan(\alpha+\beta)+q]$$
而由韦达(Vieta)定理知
$$\tan\alpha+\tan\beta=-p,\ \tan\alpha\tan\beta=q$$
于是
$$\tan(\alpha+\beta)=\dfrac{\tan\alpha+\tan\beta}{1-\tan\alpha\tan\beta}=\dfrac{-p}{1-q}=\dfrac{p}{q-1}$$
以及
$$\cos^2(\alpha+\beta)=\dfrac{1}{\tan^2(\alpha+\beta)+1}=\dfrac{(q-1)^2}{p^2+(q-1)^2}$$
所以原式左边等于
$$\dfrac{(q-1)^2}{p^2+(q-1)^2}\cdot\left[\left(\dfrac{p}{q-1}\right)^2+p\cdot\dfrac{p}{q-1}+q\right]=q$$

下面给出几个比较复杂的例子.

例 5 已知
$$\dfrac{\tan^2\alpha}{\tan^2\beta}=\dfrac{\cos\beta(\cos x-\cos\alpha)}{\cos\alpha(\cos x-\cos\beta)}$$

求证
$$\tan^2\dfrac{x}{2}=\tan^2\dfrac{\alpha}{2}\tan^2\dfrac{\beta}{2}$$

分析 由半角公式
$$\tan^2\dfrac{x}{2}=\dfrac{1-\cos x}{1+\cos x}$$
因此应当从已知条件求出 $\cos x$.

三角恒等式

证明 将已知条件变形为

$$\frac{\cos x - \cos \alpha}{\cos x - \cos \beta} = \frac{\tan^2 \alpha \cos \alpha}{\tan^2 \beta \cos \beta} = \frac{\sin^2 \alpha \cos \beta}{\sin^2 \beta \cos \alpha}$$

由此解得

$$\cos x = \frac{\sin^2 \beta \cos^2 \alpha - \sin^2 \alpha \cos^2 \beta}{\sin^2 \beta \cos \alpha - \sin^2 \alpha \cos \beta}$$

$$= \frac{(1-\cos^2 \beta)\cos^2 \alpha - (1-\cos^2 \alpha)\cos^2 \beta}{(1-\cos^2 \beta)\cos \alpha - (1-\cos^2 \alpha)\cos \beta}$$

$$= \frac{\cos^2 \alpha - \cos^2 \beta}{(\cos \alpha - \cos \beta)(1+\cos \alpha \cos \beta)}$$

$$= \frac{\cos \alpha + \cos \beta}{1+\cos \alpha \cos \beta}$$

于是

$$\frac{1-\cos x}{1+\cos x} = \frac{1+\cos \alpha \cos \beta - \cos \alpha - \cos \beta}{1+\cos \alpha \cos \beta + \cos \alpha + \cos \beta}$$

$$= \frac{(1-\cos \alpha)(1-\cos \beta)}{(1+\cos \alpha)(1+\cos \beta)} = \frac{1-\cos \alpha}{1+\cos \alpha} \cdot \frac{1-\cos \beta}{1+\cos \beta}$$

此即

$$\tan^2 \frac{x}{2} = \tan^2 \frac{\alpha}{2} \tan^2 \frac{\beta}{2}$$

例 6 已知

$$\sin x + \sin y = a, \quad \cos x + \cos y = b \qquad (1)$$

求证

$$\sin(x+y) = \frac{2ab}{a^2+b^2}, \quad \cos(x+y) = \frac{b^2-a^2}{a^2+b^2}$$

证法 1 应用万能代换公式(第 3 章 §3)得

$$\sin(x+y) = \frac{2t}{1+t^2}, \quad \cos(x+y) = \frac{1-t^2}{1+t^2} \qquad (2)$$

其中 $t = \tan \frac{x+y}{2}$.

但由已知条件相除可知

第 3 章　以加法定理为基础的恒等式

$$\frac{\sin x+\sin y}{\cos x+\cos y}=\frac{a}{b}$$

亦即

$$\tan\frac{x+y}{2}=\frac{a}{b}$$

于是 $t=\dfrac{a}{b}$，将它代入式(2)，即得欲证.

证法 2　将式(1)中两式平方相加，得

$$2+2\cos(x-y)=a^2+b^2 \tag{3}$$

将式(1)中两式相乘，得

$$2\sin(x+y)+\sin 2x+\sin 2y=2ab$$

即

$$2\sin(x+y)+2\sin(x+y)\cos(x-y)=2ab$$

于是

$$\sin(x+y)[2+2\cos(x-y)]=2ab \tag{4}$$

由式(3)和式(4)解得

$$\sin(x+y)=\frac{2ab}{a^2+b^2}$$

又将式(1)中两式平方相减，得

$$\cos(x+y)[2+2\cos(x-y)]=b^2-a^2 \tag{5}$$

由式(3)和式(5)解得

$$\cos(x+y)=\frac{b^2-a^2}{a^2+b^2}$$

例 7　已知

$$\frac{\sin^4 x}{a}+\frac{\cos^4 x}{b}=\frac{1}{a+b}\quad(a,b>0) \tag{6}$$

求证

$$\frac{\sin^8 x}{a^3}+\frac{\cos^8 x}{b^3}=\frac{1}{(a+b)^3}$$

分析　因为要证的式子中出现 $\sin^8 x,\cos^8 x$，所以

三角恒等式

设法由式(6)求出 $\sin^2 x, \cos^2 x$.

证明 式(6)可以改写为

$$\sin^4 x + \cos^4 x + \frac{b}{a}\sin^4 x + \frac{a}{b}\cos^4 x = (\sin^2 x + \cos^2 x)^2$$

或

$$\left(\sqrt{\frac{b}{a}}\sin^2 x - \sqrt{\frac{a}{b}}\cos^2 x\right)^2 = 0$$

于是

$$\sqrt{\frac{b}{a}}\sin^2 x = \sqrt{\frac{a}{b}}\cos^2 x, \ b\sin^2 x = a\cos^2 x$$

因此,可以令

$$\frac{\sin^2 x}{a} = \frac{\cos^2 x}{b} = \lambda$$

即

$$\sin^2 x = a\lambda, \ \cos^2 x = b\lambda$$

将它们代入式(6),可解得

$$\lambda = \frac{1}{a+b}$$

于是

$$\sin^2 x = \lambda a = \frac{a}{a+b}$$

$$\cos^2 x = \lambda b = \frac{b}{a+b}$$

由此知

$$\frac{\sin^8 x}{a^3} + \frac{\cos^8 x}{b^3} = \frac{a}{(a+b)^4} + \frac{b}{(a+b)^4} = \frac{1}{(a+b)^3}$$

于是问题得证.

练习题

37. 设 $A+B+C=\pi$,则:

(1) $\sin A + \sin B + \sin C = 4\cos\dfrac{A}{2}\cos\dfrac{B}{2}\cos\dfrac{C}{2}$.

第 3 章 以加法定理为基础的恒等式

(2) $\sin^2 A + \sin^2 B - \sin^2 C = 2\sin A \sin B \cos C$.

(3) $\cos 2A + \cos 2B + \cos 2C = -1 - 4\cos A \cos B \cos C$.

(4) $\cos\dfrac{A}{2} + \cos\dfrac{B}{2} + \cos\dfrac{C}{2} = 4\cos\dfrac{B+C}{4}\cos\dfrac{C+A}{4}\cos\dfrac{A+B}{4}$.

(5) $\tan\dfrac{A}{2} + \tan\dfrac{B}{2} + \tan\dfrac{C}{2} = \dfrac{1+\sin\dfrac{A}{2}\sin\dfrac{B}{2}\sin\dfrac{C}{2}}{\cos\dfrac{A}{2}\cos\dfrac{B}{2}\cos\dfrac{C}{2}}$.

(6) $\sin 3A + \sin 3B + \sin 3C = -4\cos\dfrac{3A}{2}\cos\dfrac{3B}{2}\cos\dfrac{3C}{2}$.

38. 设 $A+B+C+D=\pi$,则

$$\sin A + \sin B + \sin C - \sin D = 4\cos\dfrac{A+D}{2}\cos\dfrac{B+D}{2}\cos\dfrac{C+D}{2}$$

39. 设 $\sin\theta$ 为 $\sin A,\cos A$ 的等差中项,求证

$$\cos 2\theta = \cos^2\left(A+\dfrac{\pi}{4}\right)$$

40. 设 $\sin\alpha,\sin\beta,\sin\gamma$ 成等差数列,则 $\tan\dfrac{\beta+\gamma}{2},\tan\dfrac{\beta+\alpha}{2},\tan\dfrac{\alpha+\beta}{2}$ 也成等差数列.

41. 设 $\dfrac{\tan(\alpha-\beta)}{\tan\alpha}+\dfrac{\sin^2 x}{\sin^2 \alpha}=1$,则

$$\tan^2 x = \tan\alpha\tan\beta$$

42. 已知 $(1-m\cos x)(1+m\cos y)=1-m^2$,求证

$$\tan^2\dfrac{y}{2} = \dfrac{1+m}{1-m}\tan^2\dfrac{x}{2}$$

但其中 $m\neq 0, m^2\neq 1$.

43. 设 $\tan\alpha\tan\beta=\sqrt{\dfrac{a-b}{a+b}}$,则

三角恒等式

$$(a-b\cos 2\alpha)(a-b\cos 2\beta)=a^2-b^2$$

44. 设

$$\frac{\sin(\alpha-\beta)}{\sin\beta}=\frac{\sin(\alpha+\gamma)}{\sin\gamma}$$

则

$$\cot\beta-\cot\gamma=\cot(\alpha+\gamma)+\cot(\alpha-\beta)$$

45. 已知

$$\frac{\tan(\theta+\alpha)}{x}=\frac{\tan(\theta+\beta)}{y}=\frac{\tan(\theta+\gamma)}{z}$$

求证

$$\frac{x+y}{x-y}\sin^2(\alpha-\beta)+\frac{y+z}{y-z}\sin^2(\beta-\gamma)+$$

$$\frac{z+x}{z-x}\sin^2(\gamma-\alpha)=0$$

46. 求证：

(1) 如果 $\tan\dfrac{\gamma}{2}=\tan\dfrac{\alpha}{2}\tan\dfrac{\beta}{2}$，那么

$$\tan\gamma=\frac{\sin\alpha\sin\beta}{\cos\alpha+\cos\beta}$$

(2) 如果

$$\frac{1+\sin\theta}{1-\sin\theta}=\frac{1+\sin\alpha+\sin\beta+\sin\alpha\sin\beta}{1-\sin\alpha-\sin\beta+\sin\alpha\sin\beta}$$

那么

$$\tan^2\left(45°+\frac{\theta}{2}\right)=\tan^2\left(45°+\frac{\alpha}{2}\right)\tan^2\left(45°+\frac{\beta}{2}\right)$$

(3) 如果 $2\tan A=3\tan B$，那么

$$\tan(A-B)=\frac{\sin 2B}{5-\cos 2B}$$

(4) 设 θ,α 为锐角，$\sec(\theta-\alpha),\sec\theta,\sec(\theta+\alpha)$ 成等差数列，则

$$\cos\theta=\sqrt{2}\cos\frac{\alpha}{2}$$

三角函数的有限级数与有限乘积

第 4 章

§1 有限三角级数的求和

设 $u_1, u_2, \cdots, u_k, \cdots$ 是一个序列,其通项 u_k 是三角函数表达式,记

$$S_n = u_1 + u_2 + \cdots + u_n$$

即序列的前 n 项之和,它称作有限三角函数.求这种级数的和的一种常用方法是,设法将通项 u_k 表示为

$$u_k = v_{k+1} - v_k \,(k=1,2,\cdots,n) \quad (1)$$

于是

$$\begin{aligned}S_n &= (v_2 - v_1) + (v_3 - v_2) + \cdots + \\ &\quad (v_n - v_{n-1}) + (v_{n+1} - v_n) \\ &= v_{n+1} - v_1\end{aligned}$$

例 1 求证

$$\csc 2\theta + \csc \theta + \csc \frac{\theta}{2} + \cdots + \csc \frac{\theta}{2^n}$$

三角恒等式

$$= \cot \frac{\theta}{2^{n+1}} - \cot 2\theta$$

证明 因为

$$\csc 2\theta + \cot 2\theta = \frac{1+\cos 2\theta}{\sin 2\theta} = \frac{2\cos^2\theta}{2\sin\theta\cos\theta} = \cot\theta$$

于是

$$\csc 2\theta = \cot\theta - \cot 2\theta$$

在这个式子中把 θ 分别换为 $\frac{\theta}{2}, \frac{\theta}{4}, \cdots, \frac{\theta}{2^{n+1}}$,得

$$\csc \theta = \cot \frac{\theta}{2} - \cot \theta$$

$$\csc \frac{\theta}{2} = \cot \frac{\theta}{4} - \cot \frac{\theta}{2}$$

$$\vdots$$

$$\csc \frac{\theta}{2^{n-1}} = \cot \frac{\theta}{2^n} - \cot \frac{\theta}{2^{n-1}}$$

$$\csc \frac{\theta}{2^n} = \cot \frac{\theta}{2^{n+1}} - \cot \frac{\theta}{2^n}$$

将上面 $n+2$ 个等式相加,即得

$$\csc 2\theta + \csc \theta + \cdots + \csc \frac{\theta}{2^n} = \cot \frac{\theta}{2^{n+1}} - \cot 2\theta$$

例 2 设 $d \neq 2m\pi$(m 为整数),则

$$\sin x + \sin(x+d) + \cdots + \sin[x+(n-1)d]$$

$$= \frac{\sin \frac{nd}{2} \sin\left(x + \frac{n-1}{2}d\right)}{\sin \frac{d}{2}}$$

分析 为了导出式(1)类型的关系式,注意到左边各项自变数成等差数列(公差为 d),因而若将通项乘以 $\sin \frac{d}{2}$,并应用积化和差公式,就能达到目的.

第4章 三角函数的有限级数与有限乘积

证明 我们用 S_n 表示所求的和,我们来研究 $\sin\dfrac{d}{2}\cdot S_n$,因为

$$2\sin\dfrac{d}{2}\cdot\sin x=\cos\left(x-\dfrac{1}{2}d\right)-\cos\left(x+\dfrac{1}{2}d\right)$$

$$2\sin\dfrac{d}{2}\cdot\sin(x+d)=\cos\left(x+\dfrac{1}{2}d\right)-\cos\left(x+\dfrac{3}{2}d\right)$$

$$\vdots$$

$$2\sin\dfrac{d}{2}\cdot\sin[x+(n-1)d]$$
$$=\cos\left(x+\dfrac{2n-3}{2}d\right)-\cos\left(x+\dfrac{2n-1}{2}d\right)$$

将它们相加,得

$$2\sin\dfrac{d}{2}\cdot S_n=\cos\left(x-\dfrac{d}{2}\right)-\cos\left(x+\dfrac{2n-1}{2}d\right)$$
$$=2\sin\left(x+\dfrac{n-1}{2}d\right)\sin\dfrac{n}{2}d$$

于是得到所要的公式

$$S_n=\dfrac{\sin\dfrac{nd}{2}\sin\left(x+\dfrac{n-1}{2}d\right)}{\sin\dfrac{d}{2}}$$

例 3 设 $a_0,a_1,a_2,\cdots,a_{n-1}$ 组成等差数列,$\beta\neq 2m\pi$,则

$a_0\cos\alpha+a_1\cos(\alpha+\beta)+a_2\cos(\alpha+2\beta)+\cdots+a_{n-1}\cos[\alpha+(n-1)\beta]$
$=[-a_0\cos(\alpha-\beta)+2(a_0-a_1)\cos\alpha+(2a_{n-1}-a_{n-2})\cdot$
  $\cos[\alpha+(n-1)\beta]-a_{n-1}\cos(\alpha+n\beta)]/2(1-\cos\beta)$

证明 以 S_n 表示所求的和
$-2\cos\beta\cdot a_0\cos\alpha=-a_0[\cos(\alpha+\beta)+\cos(\alpha-\beta)]$
$-2\cos\beta\cdot a_1\cos(\alpha+\beta)=-a_1[\cos(\alpha+2\beta)+\cos\alpha]$

三角恒等式

$$-2\cos\beta \cdot a_2\cos(\alpha+2\beta)$$
$$=-a_2[\cos(\alpha+3\beta)+\cos(\alpha+\beta)]$$
$$\vdots$$
$$-2\cos\beta \cdot a_{n-2}\cos[\alpha+(n-2)\beta]$$
$$=-a_{n-2}\{\cos[\alpha+(n-1)\beta]+\cos[\alpha+(n-3)\beta]\}-$$
$$2\cos\beta \cdot a_{n-1}\cos[\alpha+(n-1)\beta]$$
$$=-a_{n-1}\{\cos(\alpha+n\beta)+\cos[\alpha+(n-2)\beta]\}$$

还有

$$2S_n=2a_0\cos\alpha+2a_1\cos(\alpha+\beta)+2a_2(\alpha+2\beta)+\cdots+$$
$$2a_{n-1}\cos[\alpha+(n-1)\beta]$$

将它们相加,得到

$$2(1-\cos\beta)S_n$$
$$=-a_0\cos(\alpha-\beta)+(2a_0-a_1)\cos\alpha+$$
$$(-a_0-a_2+2a_1)\cos(\alpha+\beta)+$$
$$(-a_1-a_3+2a_2)\cos(\alpha+2\beta)+\cdots+$$
$$(-a_{n-3}-a_{n-1}+2a_{n-2})\cos[\alpha+(n-2)\beta]+$$
$$(2a_{n-1}-a_{n-2})\cos[\alpha+(n-1)\beta]-$$
$$a_{n-1}\cos(\alpha+n\beta)$$

因为 $a_0,a_1,a_2,\cdots,a_{n-1}$ 组成等差数列,所以

$$2a_1=a_0+a_2,2a_2=a_1+a_3,\cdots,2a_{n-1}=a_{n-3}+a_{n-1}$$

因此上式右边除前二项及后二项外全为零,由此易得所要证的公式.

例 4 求证

$$S_n(x)=\sin\alpha+x\sin(\alpha+\beta)+x^2\sin(\alpha+2\beta)+\cdots+$$
$$x^{n-1}\sin[\alpha+(n-1)\beta]$$
$$=\{\sin\alpha-x\sin(\alpha-\beta)-x^n\sin(\alpha+n\beta)+$$
$$x^{n+1}\sin[\alpha+(n-1)\beta]\}/(1-2x\cos\beta+x^2)$$

第4章 三角函数的有限级数与有限乘积

证明

$$S_n(x) = \sin\alpha + x\sin(\alpha+\beta) + x^2\sin(\alpha+2\beta) + \cdots + x^{n-1}\sin[\alpha+(n-1)\beta] \qquad (2)$$

$$2x\cos\beta \cdot S_n(x)$$
$$= 2x\sin\alpha\cos\beta + 2x^2\sin(\alpha+\beta)\cos\beta + \cdots + 2x^n\sin[\alpha+(n-1)\beta]\cos\beta$$
$$= x[\sin(\alpha+\beta) + \sin(\alpha-\beta)] + x^2[\sin(\alpha+2\beta) + \sin\alpha] + \cdots + x^n\{\sin(\alpha+n\beta) + \sin[\alpha+(n-2)\beta]\} \qquad (3)$$

$$x^2 S_n(x) = x^2\sin\alpha + x^3\sin(\alpha+\beta) + \cdots + x^{n-1}\cdot\sin[\alpha+(n-1)\beta] \qquad (4)$$

由 (2) − (3) + (4),得到

$$(1-2x\cos\beta+x^2)S_n(x) = \sin\alpha - x\sin(\alpha-\beta) - x^n\sin(\alpha+n\beta) + x^{n+1}\sin[\alpha+(n-1)\beta]$$

于是得到所求证的公式.

练习题

47. 求证下列公式：

(1) $\cos\alpha + \cos(\alpha+\beta) + \cos(\alpha+2\beta) + \cdots + \cos[\alpha+(n-1)\beta] = \dfrac{\cos\left(\alpha+\dfrac{n-1}{2}\beta\right)\sin\dfrac{n\beta}{2}}{\sin\dfrac{\beta}{2}}$　$(\beta \neq 2m\pi)$.

(2) $\tan\dfrac{x}{2}\sec x + \tan\dfrac{x}{4}\sec\dfrac{x}{2} + \cdots + \tan\dfrac{x}{2^n}\cdot\sec\dfrac{x}{2^{n-1}} = \tan x - \tan\dfrac{x}{2^n}$.

(3) $\sin\theta\sin^2\dfrac{\theta}{2} + 2\sin\dfrac{\theta}{2}\sin^2\dfrac{\theta}{4} + 4\sin\dfrac{\theta}{4}\sin^2\dfrac{\theta}{8} + \cdots + 2^{n-1}\sin\dfrac{\theta}{2^{n-1}}\sin^2\dfrac{\theta}{2^n} = 2^{n-2}\sin\dfrac{\theta}{2^{n-1}} - \dfrac{1}{4}\sin 2\theta$.

三角恒等式

$(4) \dfrac{1}{\sin\theta\cos 2\theta} - \dfrac{1}{\sin 2\theta\cos 3\theta} + \dfrac{1}{\sin 3\theta\cos 4\theta} + \cdots +$

$\dfrac{(-1)^{n-1}}{\sin n\theta\cos(n+1)\theta} = \dfrac{\tan(n+1)(\theta+\dfrac{\pi}{2}) + \cot\theta}{\cos\theta}.$

$(5) \dfrac{\sin\theta}{\cos 2\theta + \cos\theta} + \dfrac{\sin 2\theta}{\cos 4\theta + \cos\theta} + \cdots + \dfrac{\sin n\theta}{\cos 2n\theta + \cos\theta}$

$= \dfrac{1}{4\sin\dfrac{\theta}{2}}\left(\dfrac{1}{\cos\dfrac{(2n+1)\theta}{2}} - \dfrac{1}{\cos\dfrac{\theta}{2}}\right).$

48. 求证：

$(1) \cos\alpha - \cos(\alpha+\beta) + \cos(\alpha+2\beta) - \cdots + (-1)^{n-1}\cos[\alpha+(n-1)\beta]$

$= \begin{cases} \dfrac{\cos\left(\alpha+\dfrac{n-1}{2}(\beta+\pi)\right)\sin\dfrac{n(\beta+\pi)}{2}}{\cos\dfrac{\beta}{2}} & (\beta\neq(2m-1)\pi). \\ n\cos\alpha & (\beta=(2m-1)\pi) \end{cases}$

$(2) \cos^2\alpha + \cos^2 2\alpha + \cdots + \cos^2 n\alpha$

$= \begin{cases} \dfrac{n}{2} + \dfrac{\cos(n+1)\alpha\sin n\alpha}{2\sin\alpha} & (\alpha\neq m\pi). \\ n & (\alpha=m\pi) \end{cases}$

§2 有限三角积式的求积

设 $u_1, u_2, \cdots, u_k, \cdots$ 是三角函数表达式的序列，要计算

$$P_n = u_1 u_2 \cdot \cdots \cdot u_n$$

最常用的一种方法是，设法把 u_k 表示成

第4章 三角函数的有限级数与有限乘积

$$u_k = \frac{v_{k+1}}{v_k} \quad (k=1,2,\cdots,n) \tag{1}$$

那么

$$P_n = \frac{v_2}{v_1} \cdot \frac{v_3}{v_2} \cdot \cdots \cdot \frac{v_{n+1}}{v_n} = \frac{v_{n+1}}{v_1}$$

在第3章§7的例8中,实际上已应用这种方法,现再举几个稍复杂的例子.

例1 证明

$$\sin\theta = 2^n \cos\frac{\theta}{2} \cos\frac{\theta}{2^2} \cdot \cdots \cdot \cos\frac{\theta}{2^n} \sin\frac{\theta}{2^n} \tag{1}$$

证明 我们有

$$2\cos\frac{\theta}{2} = \frac{\sin\theta}{\sin\frac{\theta}{2}}$$

$$2\cos\frac{\theta}{2^2} = \frac{\sin\frac{\theta}{2}}{\sin\frac{\theta}{2^2}}$$

$$\vdots$$

$$2\cos\frac{\theta}{2^n} = \frac{\sin\frac{\theta}{2^{n-1}}}{\sin\frac{\theta}{2^n}}$$

于是式(1)右边是

$$\left(2\cos\frac{\theta}{2}\right)\left(2\cos\frac{\theta}{2^2}\right)\cdot\cdots\cdot\left(2\cos\frac{\theta}{2^n}\right)\sin\frac{\theta}{2^n}$$

$$= \frac{\sin\theta}{\sin\frac{\theta}{2}} \cdot \frac{\sin\frac{\theta}{2}}{\sin\frac{\theta}{2^2}} \cdot \cdots \cdot \frac{\sin\frac{\theta}{2^{n-1}}}{\sin\frac{\theta}{2^n}} \cdot \sin\frac{\theta}{2^n}$$

$$= \sin\theta = 左边$$

例2 求证

$(2\cos\theta-1)(2\cos 2\theta-1)(2\cos 2^2\theta-1)\cdot\cdots\cdot$
$(2\cos 2^{n-1}\theta-1)=\dfrac{2\cos 2^n\theta+1}{2\cos\theta+1}$

证明 因为

$$2\cos\theta-1=\dfrac{4\cos^2\theta-1}{2\cos\theta+1}=\dfrac{2\cos 2\theta+1}{2\cos\theta+1}$$

分别在其中把 θ 换为 $2\theta, 2^2\theta, \cdots, 2^{n-1}\theta$，得

$$2\cos 2\theta-1=\dfrac{2\cos 2^2\theta+1}{2\cos 2\theta+1}$$

$$2\cos 2^2\theta-1=\dfrac{2\cos 2^3\theta+1}{2\cos 2^2\theta+1}$$

$$\vdots$$

$$2\cos 2^{n-1}\theta-1=\dfrac{2\cos 2^n\theta+1}{2\cos 2^{n-1}\theta+1}$$

将上列 n 个等式相乘，即得欲证之等式.

练习题

49. 证明恒等式：

(1) $\sin 2^n\theta=2^n\cos 2^{n-1}\theta\cos 2^{n-2}\theta\cdot\cdots\cdot\cos\theta\sin\theta$.

(2) $(2\cos\theta-1)\left(2\cos\dfrac{\theta}{2}-1\right)\cdot\cdots\cdot$
$\left(2\cos\dfrac{\theta}{2^{n-1}}-1\right)=\dfrac{2\cos 2\theta+1}{2\cos\dfrac{\theta}{2^{n-1}}+1}$.

50. 求证：

(1) $\left(\cos\dfrac{A}{2}+\cos\dfrac{B}{2}\right)\left(\cos\dfrac{A}{2^2}+\cos\dfrac{B}{2^2}\right)\cdot\cdots\cdot$
$\left(\cos\dfrac{A}{2^n}+\cos\dfrac{B}{2^n}\right)=\dfrac{\cos A-\cos B}{2^n\left(\cos\dfrac{A}{2^n}-\cos\dfrac{B}{2^n}\right)}$.

(2) $(1+\sec 2\theta)(1+\sec 4\theta)\cdot\cdots\cdot(1+\sec 2^n\theta)=\tan 2^n\theta\cot\theta$.

与反三角函数有关的恒等式

第 5 章

§1 反三角函数的三角运算

我们注意反三角函数的下列一些性质：

1° 由定义直接得到的关系式
$$\sin(\arcsin x)=x, \cos(\arccos x)=x$$
$$\tan(\arctan x)=x, \cot(\arccot x)=x$$

2° $F(x)$ 与 $F(-x)$ 间的关系式
$$\arcsin(-x)=-\arcsin x$$
$$\arccos(-x)=\pi-\arccos x$$
$$\arctan(-x)=-\arctan x$$
$$\arccot(-x)=\pi-\arccot x$$

应用反三角函数的定义及公式，结合其他三角公式，可以证明许多简易的反三角函数恒等式.

三角恒等式

例1 证明

(1) $\sin(\arccos x) = \sqrt{1-x^2}$.

(2) $\tan(\arcsin x) = \dfrac{x}{\sqrt{1-x^2}}$ ($|x|<1$).

证明

(1) 设 $\arccos x = \alpha$,则 $\cos \alpha = x$,且 $0 \leqslant \alpha \leqslant \pi$,于是
$$\sin(\arccos x) = \sin \alpha = \sqrt{1-\cos^2 \alpha} = \sqrt{1-x^2}$$
（因 $0 \leqslant \alpha \leqslant \pi$,故根号前取"+"号）

(2) 设 $\arcsin x = \alpha$,并注意 $|x|<1$,则 $\sin \alpha = x$ 且 $-\dfrac{\pi}{2} < \alpha < \dfrac{\pi}{2}$,于是
$$\tan(\arcsin x) = \tan \alpha = \dfrac{\sin \alpha}{\cos \alpha}$$
$$= \dfrac{\sin \alpha}{\sqrt{1-\sin^2 \alpha}} = \dfrac{x}{\sqrt{1-x^2}}$$

注1 图1是上述证明的图解（用单位圆）.

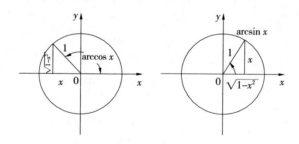

图1

注2 为查阅方便起见,将例1类型的结果列表,如表1.

第5章 与反三角函数有关的恒等式

表 1

	arcsin x	arccos x	arctan x	arctan x
sin	x	$\sqrt{1-x^2}$	$\dfrac{x}{\sqrt{1+x^2}}$	$\dfrac{1}{\sqrt{1+x^2}}$
cos	$\sqrt{1-x^2}$	x	$\dfrac{1}{\sqrt{1+x^2}}$	$\dfrac{x}{\sqrt{1+x^2}}$
tan	$\dfrac{x}{\sqrt{1-x^2}}$	$\dfrac{\sqrt{1-x^2}}{x}$	x	$\dfrac{1}{x}$
cot	$\dfrac{\sqrt{1-x^2}}{x}$	$\dfrac{x}{\sqrt{1-x^2}}$	$\dfrac{1}{x}$	x

例 2 求证:

(1) $\tan(2\arctan x) = \dfrac{2x}{1-x^2}\ (|x| \neq 1)$.

(2) $\sin(2\arccos x) = 2x\sqrt{1-x^2}$.

证明

(1) $\tan(2\arctan x) = \dfrac{2\tan(\arctan x)}{1-\tan^2(\arctan x)} = \dfrac{2x}{1-x^2}$.

(2) $\sin(2\arccos x) = 2\sin(\arccos x)\cos(\arccos x)$.

因为 $0 \leqslant \arccos x \leqslant \pi$,所以

$\sin(\arccos x) = \sqrt{1-\cos^2(\arccos x)} = \sqrt{1-x^2}$

于是 $\sin(2\arccos x) = 2x\sqrt{1-x^2}$.

注 这里虽没有如例1那样明显地用 α,β 的形式表示角,但证明的思路是一样的.

例 3 求证

$$\cos\left(\dfrac{1}{2}\arcsin x\right) = \dfrac{\sqrt{1+x}+\sqrt{1-x}}{2}$$

证明 在半角公式

三角恒等式

$$\cos\frac{\alpha}{2}=\pm\sqrt{\frac{1+\cos\alpha}{2}}$$

中令 $\alpha=\arcsin x$，那么 $-\frac{\pi}{2}\leqslant\alpha\leqslant\frac{\pi}{2}$，$-\frac{\pi}{4}\leqslant\frac{\alpha}{2}\leqslant\frac{\pi}{4}$，因而 $\cos\frac{\alpha}{2}>0$，即公式中应取"＋"号，又因为 $\cos\alpha=\sqrt{1-x^2}$（见例1的注2），所以

$$\cos\left(\frac{1}{2}\arcsin x\right)=\sqrt{\frac{1+\sqrt{1-x^2}}{2}}$$

注意

$$1+\sqrt{1-x^2}=1+\sqrt{1+x}\cdot\sqrt{1-x}$$
$$=\left(\sqrt{\frac{1+x}{2}}+\sqrt{\frac{1-x}{2}}\right)^2$$

并且 $\sqrt{\frac{1+x}{2}}+\sqrt{\frac{1-x}{2}}>0$，所以

$$\cos\left(\frac{1}{2}\arcsin x\right)=\frac{1}{\sqrt{2}}\left(\sqrt{\frac{1+x}{2}}+\sqrt{\frac{1-x}{2}}\right)$$
$$=\frac{\sqrt{1+x}+\sqrt{1-x}}{2}$$

注 要注意有关的根式运算.

例 4 求证：

(1) $\sin(\arccos x+\arcsin y)=\sqrt{1-x^2}\cdot\sqrt{1-y^2}+xy$.

(2) $\tan(\arcsin x+\arcsin y)=\dfrac{x\sqrt{1-y^2}+y\sqrt{1-x^2}}{\sqrt{1-x^2}\sqrt{1-y^2}-xy}$.

证明 (1) $\sin(\arccos x+\arcsin y)=\sin(\arccos x)\cdot\cos(\arcsin y)+\cos(\arccos x)\cdot\sin(\arcsin y)$
$=\sqrt{1-x^2}\cdot\sqrt{1-y^2}+xy$

(2) $\tan(\arcsin x + \arcsin y)$

$$= \frac{\tan(\arcsin x) + \tan(\arcsin y)}{1 - \tan(\arcsin x)\tan(\arcsin y)}$$

$$= \frac{\dfrac{\sin(\arcsin x)}{\cos(\arcsin x)} + \dfrac{\sin(\arcsin y)}{\cos(\arcsin y)}}{1 - \dfrac{\sin(\arcsin x)}{\cos(\arcsin x)} \cdot \dfrac{\sin(\arcsin y)}{\cos(\arcsin y)}}$$

$$= \frac{\dfrac{x}{\sqrt{1-x^2}} + \dfrac{y}{\sqrt{1-y^2}}}{1 - \dfrac{xy}{\sqrt{1-x^2} \cdot \sqrt{1-y^2}}}$$

$$= \frac{x\sqrt{1-y^2} + y\sqrt{1-x^2}}{\sqrt{1-x^2} \cdot \sqrt{1-y^2} - xy}$$

例 5 求证

$$\tan(2\arctan x) = 2\tan(\arctan x + \arctan x^3)$$

其中 $|x| \neq 1$.

证明

右边 $= 2 \cdot \dfrac{\tan(\arctan x) + \tan(\arctan x^3)}{1 - \tan(\arctan x) \cdot \tan(\arctan x^3)}$

$= 2 \cdot \dfrac{x + x^3}{1 - x^4} = \dfrac{2x}{1 - x^2} = \tan(2\arctan x)$

$=$ 左边

最后一步用到例 2(1).

练习题

51. 证明：

(1) $\cot(\arccos x) = \dfrac{x}{\sqrt{1-x^2}}$ $(|x| < 1)$.

(2) $\sin(2\arcsin x) = 2x\sqrt{1-x^2}$.

(3) $\tan\left(\dfrac{1}{2}\arccos x\right) = \sqrt{\dfrac{1-x}{1+x}}$ $(x \neq -1)$.

三角恒等式

(4) $\sin(\arcsin x - \arcsin y) = x\sqrt{1-y^2} - y\sqrt{1-x^2}$.

(5) $\cos(2\arctan x) = \dfrac{1-x^2}{1+x^2}$.

(6) $\sin\left(\dfrac{1}{2}\arcsin x\right) = \dfrac{\sqrt{1+x} - \sqrt{1-x}}{2}$.

(7) $\cot[\arctan x + \arctan(1-x)] = 1 - x + x^2$.

(8) $\cos\left(\dfrac{3}{2}\arccos x\right) = \sqrt{\dfrac{1+x}{2}}(2x-1)$.

(9) $\sin[\operatorname{arccot}(\sqrt{\cos\alpha}) - \arctan(\sqrt{\cos\alpha})] = \tan^2\dfrac{\alpha}{2}$.

(10) $\tan\left[\arccos\dfrac{a-b}{\sqrt{a^2+b^2}} - \arcsin\sqrt{\dfrac{2ab}{a^2+b^2}}\right] = 0$.

§2 反三角函数间的关系式

上节 $2°$ 中的公式就是这一类型的关系式. 证明这类关系式比较复杂,这里只介绍比较简易的.

例 1 证明

$$\arcsin x + \arccos x = \dfrac{\pi}{2} \quad (|x| \leqslant 1)$$

证明 因为 $\sin(\arcsin x) = x$,所以

$$\sin\left(\dfrac{\pi}{2} - \arccos x\right) = \cos(\arccos x) = x$$

又因为 $-\dfrac{\pi}{2} \leqslant \arcsin x \leqslant \dfrac{\pi}{2}$,而且由 $0 \leqslant \arccos x \leqslant \pi$ 知

$-\dfrac{\pi}{2} \leqslant \dfrac{\pi}{2} - \arccos x \leqslant \dfrac{\pi}{2}$,由此可见两个角

$$\arcsin x,\ \dfrac{\pi}{2} - \arccos x$$

第5章 与反三角函数有关的恒等式

都落在区间 $\left[-\frac{\pi}{2}, \frac{\pi}{2}\right]$ 中，且正弦都是 x，于是

$$\arcsin x = \frac{\pi}{2} - \arccos x$$

所以

$$\arcsin x + \arccos x = \frac{\pi}{2}$$

注 上面证明的关键在于函数 $y = \arcsin x$ 的单值性（当然这只对反三角函数主值成立）.

例 2 求证

$$\arcsin x = \arctan \frac{x}{\sqrt{1-x^2}} \quad (|x| < 1)$$

证明 设 $\alpha = \arcsin x$，则 $\sin \alpha = x$，又因 $|x| < 1$，所以 $-\frac{\pi}{2} < \alpha < \frac{\pi}{2}$.

另一方面，我们有

$$\tan \alpha = \frac{\sin \alpha}{\cos \alpha} = \frac{\sin \alpha}{\sqrt{1-\sin^2 \alpha}} = \frac{x}{\sqrt{1-x^2}}$$

所以由反正切函数定义得

$$\alpha = \arctan \frac{x}{\sqrt{1-x^2}}$$

综合两个方面，得到

$$\arcsin x = \arctan \frac{x}{\sqrt{1-x^2}}$$

例 3 证明

$$\arcsin x = \begin{cases} \arccos \sqrt{1-x^2} & (0 \leqslant x \leqslant 1) \\ -\arccos \sqrt{1-x^2} & (-1 \leqslant x \leqslant 0) \end{cases}$$

证明 设 $\arcsin x = \alpha$，则 $\sin \alpha = x$，$-\frac{\pi}{2} \leqslant \alpha \leqslant \frac{\pi}{2}$.

三角恒等式

若 $0 \leqslant x \leqslant 1$,则 $0 \leqslant \alpha \leqslant \frac{\pi}{2}$,这时

$$\cos \alpha = \sqrt{1-\sin^2 \alpha} = \sqrt{1-x^2}$$

于是 $\alpha = \arccos \sqrt{1-x^2}$,从而

$$\arcsin x = \arccos \sqrt{1-x^2}$$

若 $-1 \leqslant x \leqslant 0$,则 $0 \leqslant -x \leqslant 1$,于是由刚才证明的情形,得

$$\arcsin(-x) = \arccos \sqrt{1-(-x)^2}$$

亦即

$$-\arcsin x = \arccos \sqrt{1-x^2}$$

于是此时

$$\arcsin x = -\arccos \sqrt{1-x^2}$$

注 要注意,当 $-1 \leqslant x \leqslant 0$ 时,不可能有

$$\arcsin x = \arccos \sqrt{1-x^2}$$

这是因为此时

$$-\frac{\pi}{2} \leqslant \arcsin x \leqslant 0$$

而

$$0 \leqslant \arccos \sqrt{1-x^2} \leqslant \frac{\pi}{2}$$

(参见图 2).

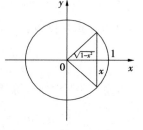

图 2

练习题

52. 证明：

(1) $\arctan x + \operatorname{arccot} x = \frac{\pi}{2}$.

(2) $\arctan x = \arcsin \frac{x}{\sqrt{1+x^2}}$.

53. 证明

第5章 与反三角函数有关的恒等式

$$\arccos x = \begin{cases} \arcsin\sqrt{1-x^2} & (0 \leqslant x \leqslant 1) \\ \pi - \arcsin\sqrt{1-x^2} & (-1 \leqslant x \leqslant 0) \end{cases}$$

54. 证明

$$\arctan x = \begin{cases} \operatorname{arccot}\dfrac{1}{x} & (x > 0) \\ \operatorname{arccot}\dfrac{1}{x} - \pi & (x < 0) \end{cases}$$

55. a, b 同号,则

$$\arcsin\sqrt{\dfrac{b}{a+b}} = \arctan\sqrt{\dfrac{b}{a}}$$

§3 较复杂的关系式

例1 (1)若 $-\dfrac{\pi}{2} \leqslant \arcsin x + \arcsin y \leqslant \dfrac{\pi}{2}$,则

$$\arcsin x + \arcsin y = \arcsin(x\sqrt{1-y^2} + y\sqrt{1-x^2})$$

(2)若 $\dfrac{\pi}{2} \leqslant \arcsin x + \arcsin y \leqslant \pi$,则

$$\arcsin x + \arcsin y$$
$$= \pi - \arcsin(x\sqrt{1-y^2} + y\sqrt{1-x^2})$$

证明 与第5章§1的例4(1)类似,知

$$\sin(\arcsin x + \arcsin y) = x\sqrt{1-y^2} + y\sqrt{1-x^2}$$

(1)若 $-\dfrac{\pi}{2} \leqslant \arcsin x + \arcsin y \leqslant \dfrac{\pi}{2}$,则由反正弦函数定义知

$$\arcsin x + \arcsin y = \arcsin(x\sqrt{1-y^2} + y\sqrt{1-x^2})$$

(2)若 $\dfrac{\pi}{2} \leqslant \arcsin x + \arcsin y \leqslant \pi$,则

$$0 \leqslant \pi - (\arcsin x + \arcsin y) \leqslant \frac{\pi}{2}$$

而且

$$\sin[\pi - (\arcsin x + \arcsin y)]$$
$$= \sin(\arcsin x + \arcsin y)$$
$$= x\sqrt{1-y^2} + y\sqrt{1-x^2}$$

于是由反正弦函数定义得

$$\pi - (\arcsin x + \arcsin y) = \arcsin(x\sqrt{1-y^2} + y\sqrt{1-x^2})$$

由此易得要证明的关系式.

注 这类题的关键在于正确处理"主值区间".

例 2 求证:若 $-\frac{\pi}{6} \leqslant \arcsin x \leqslant \frac{\pi}{6}$,则

$$3\arcsin x = \arcsin(3x - 4x^3)$$

证明 设 $\arcsin x = \alpha$,则

$$\sin \alpha = x$$
$$\sin 3\alpha = 3\sin \alpha - 4\sin^3 \alpha = 3x - 4x^3$$

又因 $-\frac{\pi}{6} \leqslant \alpha \leqslant \frac{\pi}{6}$,所以 $-\frac{\pi}{2} \leqslant 3\alpha \leqslant \frac{\pi}{2}$. 于是由反正弦函数定义,$3\alpha = \arcsin(3x - 4x^3)$,此即

$$3\arcsin x = \arcsin(3x - 4x^3)$$

例 3 求证

$$\arctan \frac{x}{1+1 \cdot 2 \cdot x^2} + \arctan \frac{x}{1+2 \cdot 3 \cdot x^2} + \cdots +$$
$$\arctan \frac{x}{1+n(n+1)x^2} = \arctan \frac{nx}{1+(n+1)x^2}$$

证明 我们考虑

$$\gamma = \arctan(k+1)x - \arctan kx$$

其中 k 为自然数,因为当 $x \geqslant 0$ 时

$$\frac{\pi}{2} > \arctan(k+1)x \geqslant \arctan kx \geqslant 0$$

而当 $x \leqslant 0$ 时

$$0 \geqslant \arctan kx \geqslant \arctan(k+1)x > -\frac{\pi}{2}$$

因此总有

$$-\frac{\pi}{2} < \gamma < \frac{\pi}{2}$$

现在

$$\tan \gamma = \frac{\tan[\arctan(k+1)x] - \tan(\arctan kx)}{1 + \tan[\arctan(k+1)x]\tan(\arctan kx)}$$
$$= \frac{(k+1)x - kx}{1 + (k+1)kx^2}$$

所以

$$\gamma = \arctan \frac{x}{1 + k(k+1)x^2}$$

亦即

$$\arctan \frac{x}{1 + k(k+1)x^2} = \arctan(k+1)x - \arctan kx$$

在这个等式中令 $k=1,2,\cdots,n$,然后把所有的等式相加,即可得到结果.

注 这里的方法与第 4 章 §1 中的方法相同.

例 4 如果 $|a|<1, |b|<1$,则由

$$\arcsin \frac{2a}{1+a^2} + \arcsin \frac{2b}{1+b^2} = 2\arctan x \quad (1)$$

可以推断出

$$x = \frac{a+b}{1-ab} \quad (2)$$

证明 设 $\theta = \arctan a$,因 $|a|<1$,所以 $-\frac{\pi}{4} < \theta < \frac{\pi}{4}$,于是

三角恒等式

$$\sin 2\theta = \frac{2\tan\theta}{1+\tan^2\theta} = \frac{2a}{1+a^2}, \text{且} -\frac{\pi}{2} < 2\theta < \frac{\pi}{2}$$

根据反正弦函数的定义得

$$2\theta = \arcsin\frac{2a}{1+a^2}$$

即

$$2\arctan a = \arcsin\frac{2a}{1+a^2}$$

同理可证

$$2\arctan b = \arcsin\frac{2b}{1+b^2}$$

于是式(1)化为

$$\arctan a + \arctan b = \arctan x$$

所以

$$x = \tan(\arctan a + \arctan b) = \frac{a+b}{1-ab}$$

即得式(2).

练习题

56. 求证:若 $-\dfrac{\pi}{2} \leqslant \arcsin x - \arcsin y \leqslant \dfrac{\pi}{2}$,则

$$\arcsin x - \arcsin y = \arcsin(x\sqrt{1-y^2} - y\sqrt{1-x^2})$$

57. 求证:

(1) $3\arccos x = \arccos(4x^3 - 3x) \left(0 \leqslant \arccos x \leqslant \dfrac{\pi}{3}\right)$.

(2) $3\arctan x = \arctan\dfrac{3x-x^3}{1-3x^2} \left(-\dfrac{\pi}{6} < \arctan x < \dfrac{\pi}{6}\right)$.

第5章 与反三角函数有关的恒等式

(3) $\arctan x + \arctan \dfrac{1-x}{1+x} = \begin{cases} \dfrac{\pi}{4} & (若\ x > -1) \\ -\dfrac{3}{4}\pi & (若\ x < -1) \end{cases}$.

58. 求出前 n 项之和的公式

$$\arctan \dfrac{1}{1+1+1^2} + \arctan \dfrac{1}{1+2+2^2} + \arctan \dfrac{1}{1+3+3^2} + \cdots$$

59. (1) 设 $a > 1, b > 1$,而且

$$\arcsin \dfrac{2a}{1+a^2} + \arcsin \dfrac{2b}{1+b^2} = 2\arctan x$$

求证: $x = -\dfrac{a+b}{1-ab}$.

(2) 若 $\arctan x + \arctan y + \arctan z = \pi$,则

$$x + y + z = xyz$$

关于三角形边角关系的恒等式

第 6 章

§1 基于正弦定理和余弦定理的恒等式

我们采用通行的记号,在△ABC中:

a,b,c,表示三角形的三边;

A,B,C,表示三角形的三内角;

m_a,m_b,m_c 分别表示 a,b,c 边上的中线;

h_a,h_b,h_c 分别表示 a,b,c 边上的高;

t_a,t_b,t_c 分别表示 A,B,C 的角平分线;

R,r 分别表示三角形外接圆和内切圆的半径;

△表示三角形的面积;

$s=\frac{1}{2}(a+b+c)$ 表示三角形的半周长.

第6章 关于三角形边角关系的恒等式

在中学三角课程中证明了下列两个基本定理：

1° **正弦定理** 在 $\triangle ABC$ 中
$$\frac{a}{\sin A}=\frac{b}{\sin B}=\frac{c}{\sin C}=2R \tag{1}$$

2° **余弦定理** 在 $\triangle ABC$ 中
$$\begin{aligned} a^2 &= b^2+c^2-2bc\cos A \\ b^2 &= c^2+a^2-2ca\cos B \\ c^2 &= a^2+b^2-2ab\cos C \end{aligned} \tag{2}$$

或

$$\begin{aligned} \cos A &= \frac{b^2+c^2-a^2}{2bc} \\ \cos B &= \frac{c^2+a^2-b^2}{2ca} \\ \cos C &= \frac{a^2+b^2-c^2}{2ab} \end{aligned} \tag{3}$$

余弦定理还有另一个等价形式

$$\begin{aligned} a &= b\cos C + c\cos B \\ b &= c\cos A + a\cos C \\ c &= a\cos B + b\cos A \end{aligned} \tag{4}$$

它又称投影定理或第二余弦定理.

公式(4)很容易直接从几何上证明：

若 B 为锐角（图 1(a)），则 $BC = BH + HC$，亦即 $a = c\cos B + b\cos C$；

若 B 为直角（图 1(b)），则 $c\cos B = 0$，而 $BC = b\cos C$，也得到 $a = b\cos C + c\cos B$.

若 B 为钝角（图 1(c)），则 $BC = HC - HB$，而 $HB = c\cos(\pi - B) = -c\cos B$，$HC = b\cos C$，于是 $a = b\cos C - (-c\cos B) = b\cos C + c\cos B$.

三角恒等式

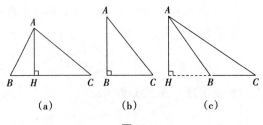

(a)   (b)   (c)

图 1

总之，对任何情形总是 $a=b\cos C+c\cos B$，类似地可证式(4)中另二式.

现在来证明式(2)与式(4)是等价的.

先设式(4)成立，要证式(2)成立，因为
$$a^2+b^2-c^2 = a(b\cos C+c\cos B)+$$
$$b(c\cos A+a\cos C)-$$
$$c(a\cos B+b\cos A)$$
$$=ab\cos C+ac\cos B+bc\cos A+$$
$$ab\cos C-ac\cos B-bc\cos A$$
$$=2ab\cos C$$

故得
$$c^2=a^2+b^2-2ab\cos C$$

类似地可证式(2)中另二式，故式(2)成立.

现设式(2)成立，要证式(4)成立，因为
$$b\cos C+c\cos B=b\cdot\frac{a^2+b^2-c^2}{2ab}+c\cdot\frac{a^2+c^2-b^2}{2ac}$$
$$=\frac{a^2+b^2-c^2}{2a}+\frac{a^2+c^2-b^2}{2a}=\frac{2a^2}{2a}=a$$

类似地可证式(4)中另二式，故式(4)成立.

现在举一些关于三角形边角关系的恒等式的例子.

例 1 证明：在 $\triangle ABC$ 中

(1) $\sin C(a\sin A+b\sin B)=c(\sin^2 A+\sin^2 B)$.

第6章 关于三角形边角关系的恒等式

(2) $c\cos C + a\cos A = b\cos(A-C)$.

证明 (1) 由正弦定理

$$a = 2R\sin A$$
$$b = 2R\sin B$$
$$c = 2R\sin C$$

于是

$$\text{左边} = \sin C(2R\sin^2 A + 2R\sin^2 B)$$
$$= 2R\sin C(\sin^2 A + \sin^2 B)$$
$$= c(\sin^2 A + \sin^2 B) = \text{右边}$$

(2) 左边 $= 2R\sin C\cos C + 2R\sin A\cos A$
$$= 2R(\sin C\cos C + \sin A\cos A)$$
$$= R(\sin 2C + \sin 2A)$$
$$= 2R\sin(A+C)\cos(A-C)$$
$$= 2R\sin B\cos(A-C)$$
$$= b\cos(A-C) = \text{右边}$$

例2 证明:在 $\triangle ABC$ 中

(1) $a^2 + b^2 + c^2 = 2(bc\cos A + ca\cos B + ab\cos C)$.

(2) $\dfrac{a^2(b^2+c^2-a^2)}{\sin 2A} = \dfrac{b^2(c^2+a^2-b^2)}{\sin 2B}$
$$= \dfrac{c^2(a^2+b^2-c^2)}{\sin 2C}.$$

证明 (1) 由余弦定理

左边 $= (b^2 + c^2 + 2bc\cos A) + (c^2 + a^2 - 2ca\cos B) +$
$\qquad (a^2 + b^2 - 2ab\cos C)$
$= 2(a^2 + b^2 + c^2) - 2(bc\cos A +$
$\qquad ca\cos B + ab\cos C)$

亦即

$a^2 + b^2 + c^2 = 2(a^2 + b^2 + c^2) - 2(bc\cos A +$
$\qquad ca\cos B + ab\cos C)$

三角恒等式

所以
$$a^2+b^2+c^2=2(bc\cos A+ca\cos B+ab\cos C)$$

(2)因为
$$b^2+c^2-a^2=2bc\cos A$$

所以
$$\frac{a^2(b^2+c^2-a^2)}{\sin 2A}=\frac{a^2\cdot 2bc\cos A}{2\sin A\cos A}$$
$$=\frac{a}{\sin A}\cdot abc=2Rabc$$

同理可证
$$\frac{b^2(c^2+a^2-b^2)}{\sin 2B}=2Rabc$$
$$\frac{c^2(a^2+b^2-c^2)}{\sin 2C}=2Rabc$$

故得结论.

例3 在$\triangle ABC$中：

(1)$(a-b)^2\cos^2\dfrac{C}{2}+(a+b)^2\sin^2\dfrac{C}{2}=c^2$.

(2)$b^2\cos 2C+2bc\cos(B-C)+c^2\cos 2B=a^2$.

证明 (1)左边$=(a-b)^2\cdot\dfrac{1}{2}(1+\cos C)+$

$(a+b)^2\cdot\dfrac{1}{2}\cdot(1-\cos C)$

$=\dfrac{1}{2}[(a-b)^2+(a+b)^2]+$

$\dfrac{1}{2}[(a-b)^2-(a+b)^2]\cdot\cos C$

$=a^2+b^2-2ab\cos C=c^2=$右边

(2)左边$=b^2(\cos^2 C-\sin^2 C)+2bc(\cos B\cos C+$

$\sin B\sin C)+c^2(\cos^2 B-\sin^2 B)$

第 6 章 关于三角形边角关系的恒等式

$$= (b^2\cos^2 C + 2bc\cos B\cos C + c^2\cos^2 B) -$$
$$(b^2\sin^2 C - 2bc\sin B\sin C + c^2\sin^2 B)$$
$$= (b\cos C + c\cos B)^2 - (b\sin C - c\sin B)^2$$

由第二余弦定理得
$$b\cos C + c\cos B = a$$

由正弦定理得
$$b\sin C - c\sin B = 2R\sin B \cdot \sin C - 2R\sin C \cdot \sin B = 0$$

于是
$$上式 = a^2 = 右边$$

例 4 求证:在 $\triangle ABC$ 中
$$a\sin(B-C) + b\sin(C-A) + c\sin(A-B) = 0$$

证明 由正弦定理
$$a\sin B = b\sin A,\ c\sin A = a\sin C,\ b\sin C = c\sin B$$

于是得到
$$左边 = a(\sin B\cos C - \sin C\cos B) +$$
$$b(\sin C\cos A - \sin A\cos C) +$$
$$c(\sin A\cos B - \sin B\cos A)$$
$$= \cos C(a\sin B - b\sin A) +$$
$$\cos B(c\sin A - a\sin C) +$$
$$\cos A(b\sin C - c\sin B)$$
$$= 0 = 右边$$

练习题

在 $\triangle ABC$ 中,求证:

60. (1) $\sin\dfrac{B-C}{2} = \dfrac{b-c}{a}\cos\dfrac{A}{2}$.

(2) $\cos\dfrac{B-C}{2} = \dfrac{b+c}{a}\sin\dfrac{A}{2}$.

61. (1) $b\sin B - c\sin C = a\sin(B-C)$.

(2) $\dfrac{c\sin(A-B)}{b\sin(C-A)} = \dfrac{a^2-b^2}{c^2-a^2}$.

三角恒等式

(3) $a\cos\left(\dfrac{\pi}{3}+C\right)-c\cos\left(\dfrac{\pi}{3}+A\right)=\dfrac{a^2-c^2}{2b}$.

(4) $a\sin\dfrac{A}{2}\sin\dfrac{B-C}{2}+b\sin\dfrac{B}{2}\sin\dfrac{C-A}{2}+c\sin\dfrac{C}{2}\sin\dfrac{A-B}{2}=0$.

(5) $b\cos^2\dfrac{C}{2}+c\cos^2\dfrac{B}{2}=\dfrac{1}{2}(a+b+c)$.

(6) $a^2-2ab\cos\left(C+\dfrac{\pi}{3}\right)=c^2-2bc\cos\left(A+\dfrac{\pi}{3}\right)$.

(7) $\dfrac{a-c}{b-c}\cdot\dfrac{\cos B}{\cos A}=\dfrac{\sin B}{\sin A}$.

(8) $\dfrac{\cos 2A}{a^2}-\dfrac{\cos 2B}{b^2}=\dfrac{1}{a^2}-\dfrac{1}{b^2}$.

(9) $\dfrac{\cos A}{a}+\dfrac{\cos B}{b}+\dfrac{\cos C}{c}=\dfrac{a^2+b^2+c^2}{2abc}$.

(10) $a\cos A+b\cos B+c\cos C=4R\sin A\sin B\sin C$.

62. (1) $(b+c)\cos A+(c+a)\cos B+(a+b)\cos C=a+b+c$.

(2) $(b^2-c^2)\cot A+(c^2-a^2)\cot B+(a^2-b^2)\cot C=0$.

(3) $\dfrac{a^2\sin(B-C)}{\sin A}+\dfrac{b^2\sin(C-A)}{\sin B}+\dfrac{c^2\sin(B-A)}{\sin C}=0$.

(4) $\cos A+\cos B+\cos C=1+\dfrac{2a\sin B\sin C}{a+b+c}$.

§2 基于其他三角形性质定理的恒等式

其他的三角形性质定理有：

第6章 关于三角形边角关系的恒等式

1° 正切定理　在△ABC中

$$\frac{\tan\frac{A-B}{2}}{\tan\frac{A+B}{2}}=\frac{a-b}{a+b}$$

$$\frac{\tan\frac{B-C}{2}}{\tan\frac{B+C}{2}}=\frac{b-c}{b+c}$$

$$\frac{\tan\frac{C-A}{2}}{\tan\frac{C+A}{2}}=\frac{c-a}{c+a}$$

2° 半角公式　在△ABC中

$$\sin\frac{A}{2}=\sqrt{\frac{(s-b)(s-c)}{bc}}$$

$$\sin\frac{B}{2}=\sqrt{\frac{(s-c)(s-a)}{ca}}$$

$$\sin\frac{C}{2}=\sqrt{\frac{(s-a)(s-b)}{ab}}$$

$$\cos\frac{A}{2}=\sqrt{\frac{s(s-a)}{bc}}$$

$$\cos\frac{B}{2}=\sqrt{\frac{s(s-b)}{ca}}$$

$$\cos\frac{C}{2}=\sqrt{\frac{s(s-c)}{ab}}$$

$$\tan\frac{A}{2}=\sqrt{\frac{(s-b)(s-c)}{s(s-a)}}$$

$$\tan\frac{B}{2}=\sqrt{\frac{(s-c)(s-a)}{s(s-b)}}$$

$$\tan\frac{C}{2}=\sqrt{\frac{(s-a)(s-b)}{s(s-c)}}$$

3° **面积公式** 在 $\triangle ABC$ 中

$$\triangle = \frac{1}{2}bc\sin A = \frac{1}{2}ca\sin B = \frac{1}{2}ab\sin C \quad (1)$$

$$\triangle = \frac{a^2\sin B\sin C}{2\sin A} = \frac{b^2\sin C\sin A}{2\sin B} = \frac{c^2\sin A\sin B}{2\sin C} \quad (2)^*$$

$$\triangle = rs \quad (3)$$

$$\triangle = \sqrt{s(s-a)(s-b)(s-c)}$$

（海伦－秦九韶公式） $\quad (4)$

$$\triangle = \frac{abc}{4R} = 2R^2\sin A\sin B\sin C \quad (5)$$

注 这五个三角形的面积的计算公式分别应用于不同场合. 公式(1),(4)分别应用于已知条件"边、角、边""边、边、边"的情形, 公式(2)应用于已知条件"角、角、边"及"角、边、角"的情形. 公式(3),(5)分别与 r,R 有关. 公式(1),(4)应用最广泛.

公式(2)可用正弦定理从公式(1)推出. 公式(5)的证明如下：

由公式(1)及正弦定理得

$$\triangle = \frac{1}{2}ab\sin C = \frac{1}{2}ab \cdot \frac{c}{2R} = \frac{abc}{4R}$$

$$= \frac{1}{4R} \cdot 2R\sin A \cdot 2R\sin B \cdot 2R\cos C$$

$$= 2R^2\sin A\sin B\sin C$$

现在给出一些例子.

例 1 在 $\triangle ABC$ 中, 求证

$$\frac{b-c}{b+c} \cdot \cot\frac{A}{2} + \frac{b+c}{b-c} \cdot \tan\frac{A}{2} = \frac{2}{\sin(B-C)}$$

分析 左边出现 $\cot\dfrac{A}{2}$ 和 $\tan\dfrac{A}{2}$, 如采用半角公

---

* 这组公式还有其他表达形式, 例如

$$\triangle = \frac{a^2\sin B\sin C}{2\sin(B+C)}$$

式,那么根号不便处理.由于正切定理可以改写为

$$\frac{\tan\dfrac{B-C}{2}}{\cos\dfrac{A}{2}}=\frac{b-c}{b+c}$$

因而看出采用正切定理是合适的.

证明 由正切定理

$$左边=\frac{\tan\dfrac{B-C}{2}}{\cot\dfrac{A}{2}}\cdot\cot\dfrac{A}{2}+\frac{\cot\dfrac{A}{2}}{\tan\dfrac{B-C}{2}}\cdot\tan\dfrac{A}{2}$$

$$=\tan\dfrac{B-C}{2}+\dfrac{1}{\tan\dfrac{B-C}{2}}=\dfrac{\tan^2\dfrac{B-C}{2}+1}{\tan\dfrac{B-C}{2}}$$

$$=\dfrac{\sec^2\dfrac{B-C}{2}}{\tan\dfrac{B-C}{2}}=\dfrac{1}{\sin\dfrac{B-C}{2}\cos\dfrac{B-C}{2}}$$

$$=\dfrac{2}{\sin(B-C)}$$

$$=右边$$

例2 在 $\triangle ABC$ 中,求证:

(1) $(a+b+c)\left(\tan\dfrac{A}{2}+\tan\dfrac{B}{2}\right)=2c\cot\dfrac{C}{2}$.

(2) $\sin\dfrac{A}{2}\sin\dfrac{B}{2}\sin\dfrac{C}{2}=\dfrac{\triangle^2}{sabc}$.

证明 (1)左边 $=2s\left(\sqrt{\dfrac{(s-b)(s-c)}{s(s-a)}}+\sqrt{\dfrac{(s-c)(s-a)}{s(s-b)}}\right)$

$$=2s\sqrt{\dfrac{s-c}{s}}\left(\sqrt{\dfrac{s-b}{s-a}}+\sqrt{\dfrac{s-a}{s-b}}\right)$$

$$=2\sqrt{s(s-b)}\cdot\dfrac{(s-b)+(s-a)}{\sqrt{(s-a)(s-b)}}$$

三角恒等式

$$= \frac{2(2s-a-b)\sqrt{s(s-c)}}{\sqrt{(s-a)(s-b)}}$$

$$= 2c\sqrt{\frac{s(s-c)}{(s-a)(s-b)}} = 2c\cot\frac{C}{2}$$

$$= 右边$$

(2) 左边 $= \sqrt{\frac{(s-a)(s-b)}{ab}} \cdot \sqrt{\frac{(s-c)(s-a)}{ca}} \cdot$

$$\sqrt{\frac{(s-a)(s-b)}{ab}}$$

$$= \frac{(s-a)(s-b)(s-c)}{abc} = \frac{s(s-a)(s-b)(s-c)}{sabc}$$

$$= \frac{\triangle^2}{sabc} = 右边$$

注 本例表明,应用半角公式证明恒等式,往往归结为关于边的无理式的代数运算.

例3 在 $\triangle ABC$ 中,求证

$$\triangle = \frac{2abc}{a+b+c}\left(\cos\frac{A}{2}\cos\frac{B}{2}\cos\frac{C}{2}\right)$$

证明 由正弦定理

$$a+b+c = 2R(\sin A + \sin B + \sin C)$$

于是

$$R = \frac{a+b+c}{2(\sin A + \sin B + \sin C)}$$

由公式(5)知

$$\triangle = \frac{abc}{4R} = \frac{abc}{2(a+b+c)} \cdot (\sin A + \sin B + \sin C)$$

但因为(见练习题37(1))

$$\sin A + \sin B + \sin C$$

$$= 2\sin\frac{A}{2}\cos\frac{A}{2} + 2\sin\frac{B+C}{2}\cos\frac{B-C}{2}$$

$$= 2\cos\frac{A}{2}\left(\cos\frac{B+C}{2}+\cos\frac{B-C}{2}\right)$$
$$= 4\cos\frac{A}{2}\cos\frac{B}{2}\cos\frac{C}{2}$$

将它代入上式,即得结果.

例 4 在 $\triangle ABC$ 中,求证
$$r = 4R\sin\frac{A}{2}\sin\frac{B}{2}\sin\frac{C}{2}$$

证明 由公式(3),(4)得
$$r = \frac{\triangle}{s} = \sqrt{\frac{(s-a)(s-b)(s-c)}{s}}$$
$$= \sqrt{\frac{(s-b)(s-c)}{bc}}\sqrt{\frac{(s-a)(s-b)}{ab}}\sqrt{\frac{(s-c)(s-a)}{ca}} \cdot$$
$$\frac{abc}{\sqrt{s(s-a)(s-b)(s-c)}}$$

再由半角公式及公式(4),(5),知
$$\text{上式} = \sin\frac{A}{2}\sin\frac{B}{2}\sin\frac{C}{2} \cdot \frac{abc}{\triangle}$$
$$= \sin\frac{A}{2}\sin\frac{B}{2}\sin\frac{C}{2} \cdot \frac{abc}{\frac{abc}{4R}}$$
$$= 4R\sin\frac{A}{2}\sin\frac{B}{2}\sin\frac{C}{2}$$

故得结果.

例 5 在 $\triangle ABC$ 中,求证
$$\frac{1}{bx}+\frac{1}{ca}+\frac{1}{ab} = \frac{1}{2rR}$$

证明 由公式(3),(5)得
$$\frac{1}{4rR} = \frac{1}{4 \cdot \frac{\triangle}{s} \cdot \frac{abc}{4\triangle}} = \frac{s}{abc} = \frac{1}{2} \cdot \frac{a+b+c}{abc}$$

三角恒等式

$$= \frac{1}{2}\left(\frac{a}{abc}+\frac{b}{abc}+\frac{c}{abc}\right)$$

$$= \frac{1}{2}\left(\frac{1}{bc}+\frac{1}{ca}+\frac{1}{ab}\right)$$

由此易得结果.

练习题

63. 在△ABC中,求证：

(1) $(b+c)\tan\frac{A}{2}=(b-c)\tan\left(\frac{A}{2}+C\right)$.

(2) $(b-c)\cot\frac{A}{2}+(c-a)\cot\frac{B}{2}+(a-b)\cot\frac{C}{2}=0$.

(3) $\frac{1}{a}\cos^2\frac{A}{2}+\frac{1}{b}\cos^2\frac{B}{2}+\frac{1}{c}\cos^2\frac{C}{2}=\frac{s^2}{abc}$.

(4) $\frac{a+b}{a+b+c}=\frac{1}{2}\left(1+\tan\frac{A}{2}\tan\frac{B}{2}\right)$.

(5) $b\cos^2\frac{C}{2}+c\cos^2\frac{B}{2}=s$.

(6) $2a\csc\frac{A}{2}\cos\frac{B}{2}\cos\frac{C}{2}=a+b+c$.

64. 在△ABC中,求证：

(1) $\triangle=\frac{a^2-b^2}{2}\cdot\frac{\sin A\sin B}{\sin(A-B)}$.

(2) $\cot\frac{A}{2}\cot\frac{B}{2}\cot\frac{C}{2}=\frac{s}{r}$.

§3 综合性恒等式

例1 在△ABC中

$$\frac{\cos A\cos B}{ab}+\frac{\cos B\cos C}{bc}+\frac{\cos C\cos A}{ca}=\frac{\sin^2 A}{a^2}$$

第6章 关于三角形边角关系的恒等式

证明 由正弦定理
$$a=2R\sin A, b=2R\sin B, c=2R\sin C$$
于是
$$\text{左边}=\frac{1}{4R^2}(\cot A\cot B+\cot B\cos C+\cot C\cot A)$$

因为 $A+B+C=\pi$,所以由练习 20 知
$$\cot A\cot B+\cot B\cot C+\cot C\cot A=1$$

将它代入上式,并注意 $\dfrac{a}{\sin A}=2R$,即得结果.

例 2 在 $\triangle ABC$ 中,如果 a^2, b^2, c^2 成算术数列,则 $\cot A, \cot B, \cot C$ 也成算术数列.

证明 由正弦定理和余弦定理
$$\cot A-\cot B=\frac{\cos A}{\sin A}-\frac{\cos B}{\sin B}$$
$$=\frac{\cos A}{\frac{a}{2R}}-\frac{\cos B}{\frac{b}{2R}}=2R\left(\frac{\cos A}{a}-\frac{\cos B}{b}\right)$$
$$=2R\left(\frac{1}{a}\cdot\frac{b^2+c^2-a^2}{2bc}-\frac{1}{b}\cdot\frac{c^2+a^2-b^2}{2ca}\right)$$
$$=2R\cdot\frac{2(b^2-a^2)}{2abc}=2R\cdot\frac{b^2-a^2}{abc}$$

同理
$$\cot B-\cot C=2R\cdot\frac{c^2-b^2}{abc}$$

因为已知 $b^2-a^2=c^2-b^2$,所以
$$\cot A-\cot B=\cot B-\cot C$$

即 $\cot A, \cot B, \cot C$ 组成等差数列.

例 3 在 $\triangle ABC$ 中,设 $\cos\theta=\dfrac{a-b}{c}$,则
$$\sin\frac{C}{2}=\frac{c\sin\theta}{2\sqrt{ab}}$$

三角恒等式

证明 因为

$$\sin^2\theta = 1-\cos^2\theta = 1-\frac{(a-b)^2}{c^2} = \frac{c^2-(a-b)^2}{c^2}$$

$$= \frac{2ab-(a^2+b^2-c^2)}{c^2} = \frac{2ab-2ab\cos C}{c^2}$$

于是

$$c^2\sin^2\theta = 2ab(1-\cos C) = 4ab\sin\frac{C}{2}$$

所以

$$\sin\frac{C}{2} = \frac{c\sin\theta}{2\sqrt{ab}}$$

例4 如果在 $\triangle ABC$ 中,a,b,c 成等差数列,则

$$\frac{\sin(A-B)}{\sin A-\sin C} = \frac{3a+c}{4c}$$

证明

$$\frac{\sin(A-B)}{\sin A-\sin C} = \frac{\sin A\cos B-\sin B\cos A}{\sin A-\sin C}$$

$$= \frac{\dfrac{a}{2R}\cdot\dfrac{c^2+a^2-b^2}{2ca}-\dfrac{b}{2R}\cdot\dfrac{b^2+c^2-a^2}{2bc}}{\dfrac{a}{2R}-\dfrac{c}{2R}}$$

$$= \frac{2(a^2-b^2)}{2c(a-c)} = \frac{a^2-b^2}{c(a-c)}$$

但已知 $2b=a+c, c=2b-a$,所以由上式得

$$\frac{\sin(A-B)}{\sin A-\sin C} = \frac{(a+b)(a-b)}{c(a-c)}$$

$$= \frac{(a+b)(a-b)}{c(a-2b+a)} = \frac{a+b}{2c}$$

另一方面

$$\frac{3a+c}{4c} = \frac{2a+a+c}{4c} = \frac{2a+2b}{4c} = \frac{a+b}{2c}$$

第6章 关于三角形边角关系的恒等式

于是
$$\frac{\sin(A-B)}{\sin A-\sin C}=\frac{3a+c}{4c}$$

练习题

65. 在 $\triangle ABC$ 中,如果
$$a\sin^2\frac{C}{2}+c\sin^2\frac{A}{2}=\frac{b}{2}$$
那么 a,b,c 组成算术序列.

66. 在 $\triangle ABC$ 中,如果 $b-a=mc$,那么
$$\cos\left(A+\frac{C}{2}\right)=m\cos\frac{C}{2}$$

67. 在 $\triangle ABC$ 中,$C=90°$,则

(1) $c=\dfrac{s}{\sqrt{2}\cos\dfrac{A}{2}\cos\dfrac{B}{2}}$.

(2) $r=\sqrt{2}c\sin\dfrac{A}{2}\sin\dfrac{B}{2}$.

68. 在 $\triangle ABC$ 中,A,B,C 组成算术数列,公差为 δ,求证:

(1) $\cos\delta=\dfrac{a+b}{2b}$.

(2) $\tan^2\delta=\dfrac{4b^2-(a+c)^2}{(a+c)^2}$.

69. 在 $\triangle ABC$ 中,a,b,c 组成算术数列的充要条件是
$$a\cos^2\frac{C}{2}+c\cos^2\frac{A}{2}=\frac{3b}{2}$$

70. 在 $\triangle ABC$ 中,如果 $a^2=bc$,那么
$$\cos(B-C)=1-\cos A-\cos 2A$$

71. 在 $\triangle ABC$ 中,求证:

(1) $h_a = 2R\sin B\sin C$, $h_b = 2R\sin C\sin A$, $h_c = 2R\sin A\sin B$.

(2) $\dfrac{1}{h_a} + \dfrac{1}{h_b} + \dfrac{1}{h_c} = \dfrac{1}{r}$.

72. 设用 γ_a 表示 △ABC 中含于 ∠A 中的旁切圆的半径,类似地定义 γ_b 和 γ_c,求证:

(1) $\gamma_a = \dfrac{\Delta}{s-a} = s\tan\dfrac{A}{2} = (s-b)\cot\dfrac{C}{2} = 4R\sin\dfrac{A}{2}\cos\dfrac{B}{2}\cos\dfrac{C}{2}$ (关于 γ_b, γ_c 有类似的公式).

(2) $\Delta = \sqrt{\gamma\gamma_a\gamma_b\gamma_c}$.

(3) $\dfrac{1}{\gamma} = \dfrac{1}{\gamma_a} + \dfrac{1}{\gamma_b} + \dfrac{1}{\gamma_c}$.

§4 三角形形状的确定

例 1 如果△ABC 适合 $\sin C = \cos A + \cos B$,则它是直角三角形.

证明 因为

$$\sin C = 2\sin\dfrac{C}{2}\cos\dfrac{C}{2}$$

$$\cos A + \cos B = 2\cos\dfrac{A+B}{2}\cos\dfrac{A-B}{2}$$

$$= 2\sin\dfrac{C}{2}\cos\dfrac{A-B}{2}$$

于是题中条件可改写为

$$2\sin\dfrac{C}{2}\left(\cos\dfrac{C}{2} - \cos\dfrac{A-B}{2}\right) = 0$$

因为 $0 < \dfrac{C}{2} < \dfrac{\pi}{2}$,于是 $\sin\dfrac{C}{2} \neq 0$,所以

第6章 关于三角形边角关系的恒等式

$$\cos\frac{C}{2} - \cos\frac{A-B}{2} = 0 \qquad (1)$$

但是

$$\cos\frac{C}{2} - \cos\frac{A-B}{2} = -2\sin\frac{C+A-B}{4}\sin\frac{C-A+B}{4}$$

$$= -2\sin\left(45° - \frac{B}{2}\right)\sin\left(45° - \frac{A}{2}\right)$$

于是由式(1)知

$$\sin\left(45° - \frac{B}{2}\right) = 0 \text{ 或 } \sin\left(45° - \frac{A}{2}\right) = 0$$

因此 $A=90°$ 或 $B=90°$,即 $\triangle ABC$ 是直角三角形.

例2 在 $\triangle ABC$ 中,若 $\cot A + \cot B + \cot C = \sqrt{3}$,则它为正三角形.

证明 由练习20知

$$\cot A\cot B + \cot B\cot C + \cot C\cot A = 1$$

现在令

$$\cot A = x, \ \cot B = y, \ \cot C = z$$

那么由题中条件及上式得

$$xy + yz + zx = 1, \ x + y + z = \sqrt{3}$$

于是

$$(x+y+z)^2 - 3(xy+yz+zx) = 0$$

即

$$x^2 + y^2 + z^2 - xy - yz - zx = 0$$

或即

$$(x-y)^2 + (y-z)^2 + (z-x)^2 = 0$$

于是

$$x = y = z$$

即

$$\cot A = \cot B = \cot C$$

三角恒等式

因为 $0 < A, B, C < 180°$,所以 $A=B=C$,即 $\triangle ABC$ 是正三角形.

例 3 在 $\triangle ABC$ 中,若
$$a\tan A - b\tan B = (a-b)\tan\frac{A+B}{2}$$
则 $\triangle ABC$ 为等腰三角形.

证明 由已知条件得
$$a\left(\tan A - \tan\frac{A+B}{2}\right) - b\left(\tan B - \tan\frac{A+B}{2}\right) = 0 \tag{2}$$

因为
$$\tan A - \tan\frac{A+B}{2} = \frac{\sin\frac{A-B}{2}}{\cos A \cos\frac{A+B}{2}}$$

故知式(2)可化为
$$\sin\frac{A-B}{2}\left(\frac{a}{\cos A} + \frac{b}{\cos B}\right) = 0$$

因为
$$\frac{a}{\cos A} + \frac{b}{\cos B} = \frac{a\cos B + b\cos A}{\cos A \cos B} = \frac{c}{\cos A \cos B} \neq 0$$

所以
$$\sin\frac{A-B}{2} = 0, \quad A = B$$

即 $\triangle ABC$ 是等腰三角形.

练习题

73. 在 $\triangle ABC$ 中,若 $a\cos A = b\cos B$,则它或为直角三角形,或为等腰三角形.

74. 设在 $\triangle ABC$ 中:

(1)若 $b\sin B = c\sin C$,则为等腰三角形.

第 6 章 关于三角形边角关系的恒等式

（2）若 $\cos A : \cos B = a : b$，则为等腰三角形.

（3）若 $\sin A = 2\cos B \sin C$，则为等腰三角形.

（4）若 $b^2 \sin^2 C + c^2 \sin^2 B = 2bc \cos B \cos C$，则为直角三角形.

（5）若 $\sin C = \dfrac{\sin A + \sin B}{\cos A + \cos B}$，则为直角三角形.

（6）若 $a\sin A = b\sin B = c\sin C$，则为正三角形.

补 充

第 7 章

§1 棣莫弗(De Moivre)公式的应用

在复数理论中,我们知道对任何整数 n 有
$$(\cos\theta+\mathrm{i}\sin\theta)^n=\cos n\theta+\mathrm{i}\sin n\theta \quad (1)$$
这个公式称为棣莫弗公式,它对于三角恒等式的证明很有用.

例 1 当 $n=2$ 时,式(1)成为
$$(\cos\theta+\mathrm{i}\sin\theta)^2=\cos 2\theta+\mathrm{i}\sin 2\theta$$
将左边按公式展开,得到
$$(\cos^2\theta-\sin^2\theta)+\mathrm{i}\cdot 2\sin\theta\cos\theta=\cos 2\theta+\mathrm{i}\sin 2\theta$$
等置实部和虚部,得
$$\cos 2\theta=\cos^2\theta-\sin^2\theta$$
$$\sin 2\theta=2\sin\theta\cos\theta$$

这就是我们熟知的正弦、余弦的二倍角公式.

当 $n=3$ 时,式(1)成为
$$(\cos\theta+\mathrm{i}\sin\theta)^3=\cos 3\theta+\mathrm{i}\sin 3\theta$$
即
$$(\cos^3\theta-3\cos\theta\sin^2\theta)+\mathrm{i}(3\cos^2\theta\sin\theta-\sin^3\theta)$$
$$=\cos 3\theta+\mathrm{i}\sin 3\theta$$

等置实部与虚部,即得三倍角公式
$$\cos 3\theta=\cos^3\theta-3\cos\theta\sin^2\theta$$
$$\sin 3\theta=3\cos^2\theta\sin\theta-\sin^3\theta$$

一般地,若将式(1)的左边按二项式定理展开,那么仿前可得公式
$$\begin{cases}\cos n\theta=\cos^n\theta-C_n^2\sin^2\theta\cos^{n-2}\theta+\\ \qquad C_n^4\sin^4\theta\cos^{n-4}\theta-\cdots\\ \sin\theta n=C_n^1\sin\theta\cos^{n-1}\theta-C_n^3\sin^3\theta\cos^{n-3}\theta+\\ \qquad C_n^5\sin^5\theta\cos^{n-5}\theta-\cdots\end{cases}$$

我们还学过另一个公式(Euler(欧拉)公式)
$$\mathrm{e}^{\mathrm{i}\theta}=\cos\theta+\mathrm{i}\sin\theta \qquad (2)$$
于是
$$\cos\theta=\frac{\mathrm{e}^{\mathrm{i}\theta}+\mathrm{e}^{-\mathrm{i}\theta}}{2},\ \sin\theta=\frac{\mathrm{e}^{\mathrm{i}\theta}-\mathrm{e}^{-\mathrm{i}\theta}}{2\mathrm{i}} \qquad (3)$$

由此我们可以比较简便地导出另一类三角公式.

例2 我们来研究 $\cos^n\theta$, $\sin^n\theta$ (n 为正整数),以 $n=7$ 为例.
$$\cos^7\theta=\left(\frac{\mathrm{e}^{\mathrm{i}\theta}+\mathrm{e}^{-\mathrm{i}\theta}}{2}\right)^7\cdot$$
$$\frac{1}{2^7}(\mathrm{e}^{\mathrm{i}7\theta}+7\mathrm{e}^{\mathrm{i}6\theta}\mathrm{e}^{-\mathrm{i}\theta}+21\mathrm{e}^{\mathrm{i}5\theta}\mathrm{e}^{-\mathrm{i}2\theta}+35\mathrm{e}^{\mathrm{i}4\theta}\mathrm{e}^{-\mathrm{i}3\theta}+$$
$$35\mathrm{e}^{\mathrm{i}3\theta}\mathrm{e}^{-\mathrm{i}4\theta}+21\mathrm{e}^{\mathrm{i}2\theta}\mathrm{e}^{-\mathrm{i}5\theta}+7\mathrm{e}^{\mathrm{i}\theta}\mathrm{e}^{-\mathrm{i}6\theta}+\mathrm{e}^{-\mathrm{i}7\theta})$$

三角恒等式

$$= \frac{1}{2^7}[(e^{i7\theta}+e^{-i7\theta})+7(e^{i5\theta}+e^{-i5\theta})+$$

$$21(e^{i3\theta}+e^{-i3\theta})+35(e^{i\theta}+e^{-i\theta})]$$

$$= \frac{1}{2^7}(2\cos 7\theta+14\cos 5\theta+42\cos 3\theta+70\cos\theta)$$

$$= \frac{1}{2^6}(\cos 7\theta+7\cos 5\theta+21\cos 3\theta+35\cos\theta)$$

类似地利用 $\sin^7\theta = \left(\dfrac{e^{i\theta}-e^{-i\theta}}{2i}\right)^7$ 可求出 $\sin^7\theta$ 的展开式.

应用复数可以很容易地求出某些有限三角级数之和.

例 3 我们计算和

$$P = 1+\cos\theta+\cos 2\theta+\cdots+\cos n\theta = \sum_{k=0}^{n}\cos k\theta$$

$$Q = \sin\theta+\sin 2\theta+\cdots+\sin n\theta = \sum_{k=0}^{n}\sin k\theta$$

因为

$$P+iQ = \sum_{k=0}^{n}(\cos k\theta+i\sin k\theta)$$

$$= \sum_{k=0}^{n}(\cos\theta+i\sin\theta)^k$$

$$= \sum_{k=0}^{n}(e^{i\theta})^k = \frac{(e^{i\theta})^{n+1}-1}{e^{i\theta}-1}$$

$$= \frac{\cos(n+1)\theta+i\sin(n+1)\theta-1}{\cos\theta+i\sin\theta-1}$$

$$= \frac{[\cos(n+1)\theta+i\sin(n+1)\theta-1]}{\cos\theta-1+i\sin\theta} \cdot$$

$$\frac{\cos\theta-1-i\sin\theta}{\cos\theta-1-i\sin\theta}$$

$$= \frac{1-\cos\theta+\cos n\theta-\cos(n+1)\theta}{2(1-\cos\theta)}+$$

$$\mathrm{i}\frac{\sin n\theta-\sin(n+1)\theta+\sin\theta}{2(1-\cos\theta)}$$

等置实部和虚部，即得

$$P=\frac{1-\cos\theta+\cos n\theta-\cos(n+1)\theta}{2(1-\cos\theta)}$$

$$Q=\frac{\sin n\theta-\sin(n+1)\theta+\sin\theta}{2(1-\cos\theta)}$$

练习题

75. 求证（用复数）

$$\sin 5\theta=16\sin^5\theta-20\sin^3\theta+5\sin\theta$$
$$\cos 5\theta=16\cos^5\theta-20\cos^3\theta+5\cos\theta$$

76. 求证（用复数）

$$\sin^5\theta=\frac{1}{16}\sin 5\theta-\frac{5}{16}\sin 3\theta+\frac{5}{8}\sin\theta$$

77. 用复数方法证明第 4 章 §1 例 4 的公式.

§2　韦达定理的应用

根据代数可知，如果方程

$$a_0x^n+a_1x^{n-1}+\cdots+a_{n-1}x+a_n=0 \quad (a_0\neq 0) \quad (1)$$

的根是 $x_1,x_2,\cdots,x_n$，又用 S_k 表示所有的从 $x_1,\cdots,x_n$ 中取 k 个作出的乘积之和，那么

$$S_k=(-1)^k\frac{a_k}{a_0} \quad (k=1,2,\cdots,n)$$

这就是韦达定理. 特别

$$x_1+x_2+\cdots+x_n=-\frac{a_1}{a_0} \tag{2}$$

三角恒等式

$$x_1 x_2 \cdot \cdots \cdot x_n = (-1)^n \frac{a_n}{a_0} \qquad (3)$$

应用这些关系式,可以证明特殊的恒等式,也可以计算某些特殊的三角函数式的和或乘积.

例1 求证:

(1) $\prod\limits_{k=0}^{n-1}\left[1-\cos\left(\psi+\dfrac{2k\pi}{n}\right)\right]=\dfrac{1-\cos n\psi}{2^{n-1}}$.

(2) $\prod\limits_{k=0}^{n-1}\cos\left(\psi+\dfrac{2k\pi}{n}\right)=(-1)^{n-1}\dfrac{\cos n\psi}{2^{n-1}}$.

证明 由第7章§1的例1

$$x^n - C_n^2(1-x^2)x^{n-2} + C_n^4(1-x^2)^2 x^{n-4} - \cdots - \cos n\psi = 0 \qquad (4)$$

其中 $x=\cos\psi$.

现在,如果 u 适合 $\cos nu = \cos n\psi$,那么 $x=\cos u$ 也是式(4)的根,由此解得

$$nu = \pm n\psi + 2k\pi$$

$$u = \pm\psi + \frac{2k\pi}{n}$$

因为式(4)是 n 次方程,而且 $\cos u$ 以 2π 为周期,所以式(4)的根是

$$x_1 = \cos\psi, x_2 = \cos\left(\psi+\frac{2\pi}{n}\right), x_3 = \cos\left(\psi+\frac{4\pi}{n}\right), \cdots,$$

$$x_n = \cos\left[\psi+\frac{2(n-1)\pi}{n}\right]$$

于是得到

$$x^n - C_n^2(1-x^2)x^{n-2} + C_n^4(1-x^2)^2 x^{n-4} - \cdots - \cos n\psi$$
$$= A(x-x_1)(x-x_2)\cdot\cdots\cdot(x-x_n)$$

其中 A 是式(4)中 x^n 的系数

$$A = 1 + C_n^2 + C_n^4 + \cdots = 2^{n-1}$$

于是得

$$x^n - C_n^2(1-x^2)x^{n-2} + C_n^4(1-x^2)^2 x^{n-4} - \cdots - \cos n\psi$$
$$= 2^{n-1} \prod_{k=0}^{n-1} \left[x - \cos\left(\psi + \frac{2k\pi}{n}\right) \right] \quad (5)$$

在式(5)中令 $x=1$,即得

$$\prod_{k=0}^{n-1} \left[1 - \cos\left(\psi + \frac{2k\pi}{n}\right) \right] = \frac{1 - \cos n\psi}{2^{n-1}} \quad (6)$$

又对方程(4)应用韦达定理,得

$$\prod_{k=0}^{n-1} \cos\left(\psi + \frac{2k\pi}{n}\right) = (-1)^{n-1} \frac{\cos n\psi}{2^{n-1}}$$

例 2 求证

$$\cos\frac{\pi}{9}\cos\frac{2\pi}{9}\cos\frac{3\pi}{9}\cos\frac{4\pi}{9} = \frac{1}{16}$$

证明 在例 1(2)的公式中令 $\psi=0, n=9$,得

$$\prod_{k=0}^{8} \cos\frac{2k\pi}{9} = \frac{1}{2^8}$$

注意到

$$\cos 0 = 1, \cos\frac{2 \cdot 3\pi}{9} = -\cos\frac{3\pi}{9}, \cos\frac{2 \cdot 4\pi}{9} = -\cos\frac{\pi}{9}$$
$$\cos\frac{2 \cdot 5\pi}{9} = -\cos\frac{\pi}{9}, \cos\frac{2 \cdot 6\pi}{9} = -\cos\frac{3\pi}{9}$$
$$\cos\frac{2 \cdot 7\pi}{9} = \cos\frac{4\pi}{9}, \cos\frac{2 \cdot 8\pi}{9} = \cos\frac{2\pi}{9}$$

于是

$$1 \cdot \left(\cos\frac{2\pi}{9} \cdot \cos\frac{2 \cdot 8\pi}{9}\right)\left(\cos\frac{2 \cdot 2\pi}{9} \cdot \cos\frac{2 \cdot 7\pi}{9}\right) \cdot$$
$$\left(\cos\frac{2 \cdot 3\pi}{9} \cdot \cos\frac{2 \cdot 6\pi}{9}\right) \cdot \left(\cos\frac{2 \cdot 4\pi}{9} \cdot \cos\frac{2 \cdot 5\pi}{9}\right) = \frac{1}{2^8}$$

亦即

$$\left(\cos\frac{\pi}{9}\cos\frac{2\pi}{9}\cos\frac{3\pi}{9}\cos\frac{4\pi}{9}\right)^2 = \frac{1}{2^8}$$

三角恒等式

故得
$$\cos\frac{\pi}{9}\cos\frac{2\pi}{9}\cos\frac{3\pi}{9}\cos\frac{4\pi}{9}=\frac{1}{16}$$

例 3 求证
$$\csc^2\frac{\pi}{9}+\csc^2\frac{2\pi}{9}+\csc^2\frac{4\pi}{9}=12$$

证明 因为
$$\sin 9\theta = 256\sin^9\theta - 576\sin^7\theta + 432\sin^5\theta - 120\sin^3\theta + 9\sin\theta$$

因此如果 θ 适合
$$\sin 9\theta = 0, \quad \sin\theta \neq 0 \tag{7}$$

那么 $x=\sin\theta$ 就是方程
$$256x^8 - 576x^6 + 432x^4 - 120x^2 + 9 = 0 \tag{8}$$
的根.

由式(7)得
$$\theta=\frac{n\pi}{9},\ n=\pm 1,\pm 2,\cdots,\pm 8,\pm 10,\cdots$$

但因为式(8)只有 8 个根，$\sin\theta$ 以 2π 为周期，因此八次方程(8)的全部根是
$$\pm\sin\frac{n\pi}{9},\ n=1,2,3,4$$

在式(8)中令 $x=\frac{1}{y}$，则
$$9y^8 - 120y^6 + 432y^4 - 576y^2 + 256 = 0 \tag{9}$$
的全部根是
$$\pm\csc\frac{n\pi}{9},\ n=1,2,3,4$$

在式(9)中令 $y^2=t$，则
$$9t^4 - 120t^3 + 432t^2 - 576t + 256 = 0 \tag{10}$$
的全部根是

$$\csc^2 \frac{n\pi}{9}, n=1,2,3,4$$

对(10)应用韦达定理,得

$$\csc^2 \frac{\pi}{9} + \csc^2 \frac{2\pi}{9} + \csc^2 \frac{3\pi}{9} + \csc^2 \frac{4\pi}{9} = \frac{120}{9}$$

但 $\csc^2 \frac{3\pi}{9} = \frac{4}{3}$,故得

$$\csc^2 \frac{\pi}{9} + \csc^2 \frac{2\pi}{9} + \csc^2 \frac{4\pi}{9} = 12$$

练习题

78. 求证:

(1) $\prod\limits_{k=0}^{n-1} \sin\left(x + \frac{k\pi}{n}\right) = \frac{\sin nx}{2^{n-1}}$.

(2) $\prod\limits_{k=0}^{n-1} \cos\left(x + \frac{k\pi}{n}\right)$

$= \begin{cases} (-1)^m \dfrac{\sin 2mx}{2^{2m-1}} & (\text{如 } n = 2m) \\ (-1)^m \dfrac{\cos(2m+1)x}{2^{2m}} & (\text{如 } n = 2m+1) \end{cases}$.

(3) $\prod\limits_{k=0}^{2n-1} \sin\left(x + \frac{k\pi}{n}\right) = (-1)^n \dfrac{\sin^2 nx}{2^{2n-2}}$.

79. (1)证明:$\cos \frac{2\pi}{7}, \cos \frac{4\pi}{7}, \cos \frac{6\pi}{7}$ 是方程 $8x^3 + 4x^2 - 4x - 1 = 0$ 的三个根.

(2)求证:$\sec \frac{2\pi}{7} + \sec \frac{4\pi}{7} + \sec \frac{6\pi}{7} = -4$.

80. 求证

$$\sin \frac{\pi}{14} \sin \frac{3\pi}{14} \sin \frac{5\pi}{14} = \frac{1}{8}$$

81. 试证:

(1) $2^{\frac{n-1}{2}} \sin \frac{\pi}{2n} \sin \frac{3\pi}{2n} \cdots \sin \frac{(n-2)\pi}{2n} = 1$ (n 为

三角恒等式

奇数）；

(2) $2^{\frac{n-1}{2}} \sin\dfrac{\pi}{2n} \sin\dfrac{3\pi}{2n} \cdot \cdots \cdot \sin\dfrac{(n-1)\pi}{2n} = 1$（$n$ 为偶数）．

§3 消去式问题

根据解析几何可知,参数方程
$$\begin{cases} x = a\cos\theta \\ y = b\sin\theta \end{cases} (a, b > 0) \qquad (1)$$
表示椭圆,为证实这一点,可从式(1)中消去 θ. 而消去 θ 的依据乃是三角恒等式
$$\cos^2\theta + \sin^2\theta = 1$$
消去 θ 所得的结果是
$$\dfrac{x^2}{a^2} + \dfrac{y^2}{b^2} = 1 \qquad (2)$$
如果我们把式(1)看作是 θ 的方程组,那么式(1)中方程个数多于未知数个数,但这个方程组存在公共解 θ. 因此式(1)中的其他量 a, b, x, y 之间不是独立的,它们满足关系式(2).

一般说,如果给定了一个由 $n+1$ 个方程组成的、包含 n 个未知数的方程组,如果它们有公共解,那么方程组中其他的量之间必有某种关系. 这个关系式称为这组方程的消去式. 求消去式的方法称为消去法.

在上面的例子中,式(2)就是方程组(1)的消去式．

有三角函数出现的消去式问题,经常利用三角恒等式来求消去式．

例1 在下列方程中消去 θ 得

$$\begin{cases} x = \sin\theta + \cos\theta & (3) \\ y = \sin\theta - \cos\theta & (4) \end{cases}$$

解法 1　由式$(3)^2$＋式$(4)^2$得

$$x^2 + y^2 = \sin^2\theta + \cos^2\theta + 2\sin\theta\cos\theta + \\ \sin^2\theta + \cos^2\theta - 2\sin\theta\cos\theta$$

即

$$x^2 + y^2 = 2$$

解法 2　由式(3)和式(4)解出

$$\sin\theta = \frac{x+y}{2}, \ \cos\theta = \frac{x-y}{2}$$

将它们代入恒等式 $\sin^2\theta + \cos^2\theta = 1$，即得结果．

例 2　消去 θ

$$\begin{cases} x = \cot\theta + \tan\theta \\ y = \sec\theta - \cos\theta \end{cases}$$

解　上两式可化为

$$\begin{cases} x = \dfrac{\sec^2\theta}{\tan\theta} \\ y = \dfrac{\tan^2\theta}{\sec\theta} \end{cases}$$

于是

$$x^2 y = \sec^3\theta, \ xy^2 = \tan^3\theta$$

将它们代入 $\sec^2\theta = 1 + \tan^2\theta$，得到

$$(x^2 y)^{\frac{2}{3}} - (xy^2)^{\frac{2}{3}} = 1$$

例 3　消去 θ

$$x = \frac{3}{4}a\cos\theta + \frac{1}{4}a\cos 3\theta$$

$$y = \frac{3}{4}a\sin\theta - \frac{1}{4}a\sin 3\theta$$

解　应用三倍角公式，原方程组化为

三角恒等式

$$\begin{cases} x = a\cos^3\theta \\ y = a\sin^3\theta \end{cases}$$

于是

$$\cos\theta = \left(\frac{x}{a}\right)^{\frac{1}{3}}, \sin\theta = \left(\frac{y}{a}\right)^{\frac{1}{3}}$$

将它们代入 $\sin^2\theta + \cos^2\theta = 1$ 中,化简即得

$$x^{\frac{2}{3}} + y^{\frac{2}{3}} = a^{\frac{2}{3}}$$

注 这就是"圆内四岐摆线方程"。消去式问题常有明显的几何意义.

例4 消去 θ

$$\begin{cases} x = \sin\theta + \cos\theta\sin2\theta \\ y = \cos\theta + \sin\theta\sin2\theta \end{cases}$$

解 由原方程组可得

$$\begin{cases} x + y = (\sin\theta + \cos\theta)^3 \\ x - y = (\sin\theta - \cos\theta)^3 \end{cases}$$

于是得

$$(x+y)^{\frac{2}{3}} + (x-y)^{\frac{2}{3}} = 2$$

练习题

82. 求消去式:

(1) $\begin{cases} \sin\alpha = a\cos\theta + b\sin\theta \\ \cos\alpha = a\sin\theta - b\cos\theta \end{cases}$ (消去 θ).

(2) $\begin{cases} x + y = 3 - \cos4\theta \\ x - y = 4\sin2\theta \end{cases}$ (消去 θ).

(3) $\begin{cases} x\cos^3\theta + y\sin^3\theta = a \\ y\sin\theta - x\cos\theta = 0 \end{cases}$ (消去 θ).

(4) $\begin{cases} x\csc\theta + y\sec\theta = 1 \\ y\cos\theta - x\sin\theta = \cos2\theta \end{cases}$ (消去 θ).

(5) $\begin{cases} \tan(\alpha+\psi)=m \\ \tan(\alpha-\psi)=n \end{cases}$ (消去 ψ).

(6) $\begin{cases} a\sin\theta+b\cos\theta+c=0 \\ a'\sin\theta+b'\cos\theta+c'=0 \end{cases}$ $(ab'-a'b\neq 0,$消去 $\theta)$.

83. 消去 θ,ψ:

(1) $\begin{cases} x=r\sin\theta\cos\psi \\ y=r\sin\psi\sin\psi \\ z=r\cos\theta \end{cases}$.

(2) $\begin{cases} c\sin\theta=a\sin(\theta+\psi) \\ a\sin\psi=b\sin\theta \\ \cos\theta-\cos\psi=2m \end{cases}$.

§4 恒等变形杂例

有许多问题要应用恒等变形的技巧,这里补充几个较常见的问题.

例1 已知 $0\leqslant\theta\leqslant\pi$,且
$$f(x)=\left(\frac{1}{2}\sin\theta\right)x^2-x+\frac{1}{2}\sin\theta+\sqrt{3}\cos\theta$$

(1) 求当 $-1\leqslant x\leqslant 1$ 时,$f(x)$ 的最小值 $M(\theta)$.

(2) 求 $M(\theta)$ 当 $0\leqslant\theta\leqslant\pi$ 时的最小值.

解 (1) 若 $0<\theta<\pi$,则 $\sin\theta\neq 0$,$f(x)$ 是 x 的二次函数,用配方法得
$$f(x)=\left(\frac{1}{2}\sin\theta\right)\left\{\left(x-\frac{1}{\sin\theta}\right)^2-\frac{1}{\sin^2\theta}\right\}+$$
$$\frac{1}{2}\sin\theta+\sqrt{3}\cos\theta$$
$$=\left(\frac{1}{2}\sin\theta\right)\left(x-\frac{1}{\sin\theta}\right)^2-\frac{1}{2\sin\theta}+$$

三角恒等式

$$\frac{1}{2}\sin\theta+\sqrt{3}\cos\theta$$

如果 $0<\theta<\pi$,那么 $\frac{1}{2}\sin\theta>0$,所以当 $\left|x-\frac{1}{\sin\theta}\right|$ 最小时,$f(x)$ 最小,但因 $\frac{1}{\sin\theta}>1$,$-1\leqslant x\leqslant 1$,因此当 $x=1$ 时,$f(x)$ 最小.

如果 $\theta=0$ 或 π,则 $\sin\theta=0$,此时
$$f(x)=-x\pm\sqrt{3}$$
是一次函数. 当 $-1\leqslant x\leqslant 1$ 时,也当 $x=1$ 时取最小值.

综上所述,所求的最小值是
$$M(\theta)=f(1)=\sin\theta+\sqrt{3}\cos\theta-1$$

(2) 为求 $M(\theta)$ 当 $0\leqslant\theta\leqslant\pi$ 时的最小值,对 $M(\theta)$ 应用恒等变形(见第 3 章 §6),得
$$M(\theta)=2\sin\left(\theta+\frac{\pi}{3}\right)-1$$

因为 $\frac{\pi}{3}\leqslant\theta+\frac{\pi}{3}\leqslant\frac{4\pi}{3}$,因此当 $\theta+\frac{\pi}{3}=\frac{4\pi}{3}$,或 $\theta=\pi$ 时,$M(\theta)$ 取最小值 $-(\sqrt{3}+1)$.

例 2 证明不等式:

(1) $a^2\tan^2\theta+b^2\cot^2\theta\geqslant 2ab$.

(2) $\sin\theta\tan\theta>4\sin^2\frac{\theta}{2}\ \left(0<\theta<\frac{\pi}{2}\right)$.

(3) $\triangle ABC$ 中,$\sin\frac{A}{2}\sin\frac{B}{2}\sin\frac{C}{2}\leqslant\frac{1}{8}$.

证明 (1) 因为
$$(a\tan\theta-b\cot\theta)^2\geqslant 0$$
亦即
$$a^2\tan^2\theta+2ab\tan\theta\cot\theta+b^2\cot^2\theta\geqslant 0$$

移项即得
$$a^2\tan^2\theta + b^2\cot^2\theta \geqslant 2ab$$

(2) $\sin\theta\tan\theta - 4\sin^2\dfrac{\theta}{2} = \sin\theta\tan\theta - 4\cdot\dfrac{1-\cos\theta}{2}$

$\qquad = \sin\theta\tan\theta - 2(1-\cos\theta)$

$\qquad = \dfrac{\sin^2\theta - 2\cos\theta(1-\cos\theta)}{\cos\theta}$

$\qquad = \dfrac{\sin^2\theta - 2\cos\theta + 2\cos^2\theta}{\cos\theta}$

$\qquad = \dfrac{1 - 2\cos\theta + \cos^2\theta}{\cos\theta}$

$\qquad = \dfrac{(1-\cos\theta)^2}{\cos\theta}$

因为 $0 < \theta < \dfrac{\pi}{2}$，$\cos\theta > 0$，所以
$$\dfrac{(1-\cos\theta)^2}{\cos\theta} > 0$$

于是
$$\sin\theta\tan\theta > 4\sin^2\dfrac{\theta}{2}$$

(3) 我们用 k 表示 $\sin\dfrac{A}{2}\sin\dfrac{B}{2}\sin\dfrac{C}{2}$，那么

$k = \left(\sin\dfrac{A}{2}\sin\dfrac{B}{2}\right)\sin\dfrac{C}{2}$

$\quad = \dfrac{1}{2}\left(\cos\dfrac{A-B}{2} - \cos\dfrac{A+B}{2}\right)\sin\dfrac{C}{2}$

$\quad = \dfrac{1}{2}\left(\cos\dfrac{A-B}{2} - \sin\dfrac{C}{2}\right)\sin\dfrac{C}{2}$

若记 $x = \sin\dfrac{C}{2}$，则上式可改写为
$$x^2 - x\cos\dfrac{A-B}{2} + 2k = 0$$

三角恒等式

因为这个关于 x 的二次方程有实根,所以它的判别式非负,即

$$\cos^2\frac{A-B}{2}-8k\geqslant 0$$

于是得到

$$k\leqslant\frac{1}{8}\cos^2\frac{A-B}{2}\leqslant\frac{1}{8}$$

这就是所要证明的不等式.

例3 解三角方程:

(1) $\sin^3 x\cos 3x+\cos^3 x\sin 3x=\frac{3}{8}$.

(2) $\sin x+\cos x+\sin x\cos x=1$.

解 (1)因为

$$\cos^3 x=\frac{1}{4}(\cos 3x+3\cos x)$$

$$\sin^3 x=\frac{1}{4}(3\sin x-\sin 3x)$$

于是原方程化为

$$\frac{3}{4}(\sin x\cos 3x+\cos x\sin 3x)=\frac{3}{8}$$

或

$$\sin 4x=\frac{1}{2}$$

于是

$$x=(-1)^n\frac{\pi}{24}+\frac{n\pi}{4}$$

另解:应用公式

$$\sin 3x=3\sin x-4\sin^3 x$$
$$\cos 3x=4\cos^3 x-3\cos x$$

则原方程化为

$$3\sin x\cos x(\cos^2 x - \sin^2 x) = \frac{3}{8}$$

或即

$$3 \cdot \frac{1}{2}\sin 2x \cdot \cos 2x = \frac{3}{8}$$

亦即

$$\sin 4x = \frac{1}{2}\text{（其余部分同前）}$$

(2) 将原方程变为

$$\sin x + \cos x = 1 - \cos x \sin x \qquad (1)$$

两边平方,并进行恒等变形,得

$$1 + \sin 2x = 1 - \sin 2x + \frac{1}{4}\sin^2 x \qquad (2)$$

或即

$$\sin 2x(8 - \sin 2x) = 0$$

因为 $8 - \sin 2x \geqslant 8 - 1 > 0$,故得

$$\sin 2x = 0$$

由此解得

$$x = k \cdot \frac{\pi}{2}$$

但因为由式(1)到式(2)采取了平方运算,所以应当验根,直接代入知

$$\sin\frac{k\pi}{2} + \cos\frac{k\pi}{2} + \sin\frac{k\pi}{2}\cos\frac{k\pi}{2} = \begin{cases} 1 & (\text{若 } k = 4n) \\ 1 & (\text{若 } k = 4n+1) \\ -1 & (\text{若 } k = 4n+2) \\ -1 & (\text{若 } k = 4n+3) \end{cases}$$

因此原方程之解为

$$x = 2n\pi \text{ 及 } x = \frac{\pi}{2} + 2n\pi$$

另解:令 $\cos x + \sin x = t$,两边平方得

$$t^2 = 1 + 2\sin x \cos x$$

于是 $\cos x \sin x = \dfrac{t^2-1}{2}$,原方程变成

$$t^2 + 2t - 3 = 0$$

由此求得 $t=1$ 及 $t=-3$,于是

$$\cos x + \sin x = 1 \tag{3}$$
$$\cos x + \sin x = -3 \tag{4}$$

显然,$\cos x + \sin x \geqslant -2$,所以方程(4)无解,而对于(3),可以化为(见第 3 章 §6)

$$\sqrt{2}\cos\left(x - \dfrac{\pi}{4}\right) = 1 \quad \text{(其余部分从略)}$$

例 4 试证单位圆内接正 n 边形的一顶点至其他各顶点的距离的总和等于 $2\cot\dfrac{\pi}{2n}$.

证明 建立直角坐标系如图 1 所示.

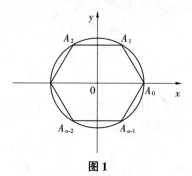

图 1

其中,$A_0(1,0)$,$A_k\left(\cos\dfrac{2k\pi}{n}, \sin\dfrac{2k\pi}{n}\right)(k=0,1,2,\cdots,n-1)$,则

$$|A_0 A_k| = \sqrt{\left(\cos\dfrac{2k\pi}{n} - 1\right)^2 + \left(\sin\dfrac{2k\pi}{n}\right)^2}$$

$$= \sqrt{2 - 2\cos\frac{2k\pi}{n}}$$

$$= 2\sin\frac{k\pi}{n} \quad (k=1,2,\cdots,n-1)$$

于是 A_0 到各顶点距离之和

$$S_n = |A_0A_1| + |A_0A_2| + \cdots + |A_0A_{n-1}|$$

$$= 2\left(\sin\frac{\pi}{n} + \sin\frac{2\pi}{n} + \cdots + \sin\frac{(n-1)\pi}{n}\right)$$

由第 4 章 §1 的例 2 得

$$S_n = \frac{2\sin\frac{(n-1)\pi}{2n}\sin\left(\frac{\pi}{2n} + \frac{(n-1)\pi}{2n}\right)}{\sin\frac{\pi}{2n}}$$

$$= 2\cot\frac{\pi}{2n}$$

练习题

84. 设 $\frac{\pi}{4} \leqslant t \leqslant \frac{\pi}{3}$,求

$$f(t) = \frac{\cos\frac{3}{2}t}{\sqrt{1-\cos t}} + \frac{\sin\frac{3}{2}t}{\sqrt{1+\cos t}}$$

的最大值和最小值.

85. 设 $0 \leqslant x < 2\pi, 0 \leqslant y < 2\pi$,求

$$2\sin x + \sqrt{3}\cos x \sin y + \cos x \cos y$$

的最大值或最小值及相应的 x, y 值.

86. 求证:

(1) 若 $x, y, z > 0, x + y + z = \pi$,则

$$\cos x + \cos y + \cos z \leqslant \frac{3}{2}$$

(2) $2 + \sin A + \cos A \geqslant \dfrac{2}{2 - \sin A - \cos A}$.

三角恒等式

(3) 在 $\triangle ABC$ 中,$\tan\dfrac{A}{2}\tan\dfrac{B}{2}\tan\dfrac{C}{2}\leqslant\dfrac{1}{3\sqrt{3}}$.

87.(1) 如果 α,β 为两个正锐角,则
$$\sin(\alpha-\beta)<\sin\alpha+\sin\beta$$
(2) 如 α,β 为正锐角,$\alpha>\beta$,则
$$\sin(\alpha-\beta)>\sin\alpha-\sin\beta$$

88. 设 $0<\theta<\pi$,则:

(1) $\cot\dfrac{\theta}{2}-\cot\theta\geqslant 1$.

(2) $\cot\dfrac{\theta}{4}-\cot\theta>2$.

89. 解方程:

(1) $\sin x\sin 7x=\sin 3x\sin 5x$.

(2) $\sin x+\sin 2x+\sin 3x=1+\cos x+\cos 2x$.

(3) $\sin^2 x+\sin^2 2x=\sin^2 3x$.

(4) $\sin^{10}x+\cos^{10}x=\dfrac{29}{16}\cos^4 2x$.

90. 单位圆内接正 n 正边形的顶点是 $A_1, A_2, \cdots, A_n$,P 是圆周上任一点(不与顶点重合),求证
$$\sum_{k=1}^{n}|PA_k|^2=2n,\quad \sum_{k=1}^{n}|PA_k|^4=6n$$

杂练习

91. 证明下式与 x 无关
$$\dfrac{\sin^8 x}{8}-\dfrac{\cos^8 x}{8}-\dfrac{\sin^6 x}{3}+\dfrac{\cos^6 x}{6}+\dfrac{\sin^4 x}{4}$$

92. 设方程(x 为未知数)
$$a\sin x+b\cos x+c=0\ (b\neq 0)$$
有两相异根 $\alpha,\beta,0<\alpha,\beta<2\pi$,则
$$b\tan\dfrac{\alpha+\beta}{2}=a$$

第 7 章 补 充

93. 设方程（x 为未知数）
$$\tan(\alpha+\beta-x)\tan(x+\beta-\alpha)\tan(x+\alpha-\beta)=1$$
有三个不相等的根 x_1, x_2, x_3，则
$$x_1+x_2+x_3 = n\pi + \left(\alpha+\beta+\frac{\pi}{4}\right) \text{（} n \text{ 为任意整数）}$$

94. 求方程
$$\arctan x + \operatorname{arccot} y = \arctan 3$$
的正整数解 x, y.

95. 在 $\triangle ABC$ 中，$b>c$，A 的角平分线为 t_a，外角平分线为 t_a'，则
$$t_a = \frac{2bc\cos\dfrac{A}{2}}{b+c}, \quad t_a' = \frac{2bc\sin\dfrac{A}{2}}{b-c}$$

96. 三角形三边成算术数列，最大角与最小角相差 $\dfrac{\pi}{2}$，则三边之比为 $(\sqrt{7}+1) : \sqrt{7} : (\sqrt{7}-1)$.

97. 求证：若 $|x|>1$，则
$$\sin\{\arccos[\tan(\operatorname{arcsec} x)]\} = \sqrt{2-x^2}$$

98. 设 P 在 $\triangle ABC$ 内，$\angle PAB = \angle PBC = \angle PCA = \omega$，则
$$\cot\omega = \cot A + \cot B + \cot C$$

99. 在 $\triangle ABC$ 中，$AD \perp BC$，$\angle A = 60°$，$AC - AB = 4$，$AD = 11$，则
$$\sin\frac{B-C}{2} = \frac{1}{4}$$

100. (1) 在 $\triangle ABC$ 中，$\sin\left(A+\dfrac{C}{2}\right) = n\sin\dfrac{C}{2}$，$n \neq -1$，则
$$\tan\frac{A}{2}\tan\frac{B}{2} = \frac{n-1}{n+1}$$

三角恒等式

(2) 在△ABC中,求
$$\tan^2\frac{A}{2}+\tan^2\frac{B}{2}+\tan^2\frac{C}{2}$$
的最小值.

(3) 用三角方法证明:如果 $x+y+z=xyz$,那么
$$x(1-y^2)(1-z^2)+y(1-z^2)(1-x^2)+z(1-x^2)(1-y^2)=4xyz$$

部分练习题解法提示

第 8 章

35.(1) 左边 $=\sin 3x+(\sin x+\sin 5x)$
$=\sin 3x+2\sin 3x\cos 2x$
$=\sin 3x(1+2\cos 2x)$
$=\dfrac{\sin 3x(\sin x+2\cos 2x\sin x)}{\sin x}$

(2) $\cos 2x=\dfrac{\cos 2x\cos x}{\cos x}=\dfrac{\cos 2x\cos x}{\cos(2x-x)}$

(3) 左边 $=\tan(2x+x)\cdot\tan(2x-x)$

(4) 左边 $=3-4\sin^2 x-3+4\sin^2 y$，再用第 3 章 §1 例 1.

(5) 右边 $=1-\cos^2(A+B)-$
$2\sin A\sin B\cos(A+B)$
$=1-\cos(A+B)[\cos(A+$
$B)+2\sin A\sin B]$

(7) 两边分别通分计算.

(9) 设 $B=\dfrac{\pi}{4}-A$，则 $\cot(A+B)=1$，

113

三角恒等式

再仿本节例 6.

$$(10) \cot^2 2x - \tan^2 2x = \frac{\cos^2 2x}{\sin^2 2x} - \frac{\sin^2 2x}{\cos^2 2x}$$

$$= \cdots = \frac{4\cos 4x}{\sin^2 4x}$$

37.(2) 左边 $= \sin^2 A + (\sin B + \sin C) \cdot (\sin B - \sin C)$

(3) 左边 $= 2\cos(A+B)\cos(A-B) + 2\cos^2 C - 1$
$= -2\cos C \cos(A-B) + 2\cos^2 C - 1$

(4) 令 $A' = \frac{1}{2}(\pi - A)$, $B' = \frac{1}{2}(\pi - B)$, $C' = \frac{1}{2}(\pi - C)$,则有 $A' + B' + C' = \pi$,只用证明(见练习题 37(1))

$$\sin A' + \sin B' + \sin C' = 4\cos\frac{A'}{2}\cos\frac{B'}{2}\cos\frac{C'}{2}$$

(5) 仿照本节例 2 证法 1.

45. 先令题中的等比等于 $\frac{1}{k}$,则

$$x = k\tan(\theta + \alpha), y = k\tan(\theta + \beta), z = k\tan(\theta + \gamma)$$

由此求出

$$\frac{x+y}{x-y}\sin^2(\beta - \gamma) = \frac{1}{2}[\cos 2(\theta + \beta) - \cos 2(\theta + \alpha)]$$

类似地求出

$$\frac{y+z}{y-z}\sin^2(\beta - \gamma) = \frac{1}{2}[\cos 2(\theta + \gamma) - \cos 2(\theta + \beta)]$$

$$\frac{z+x}{z-x}\sin^2(\gamma - \alpha) = \frac{1}{2}[\cos 2(\theta + \alpha) - \cos 2(\theta + \gamma)]$$

46.(1) 应用 $\tan^2\frac{\theta}{2} = \frac{1-\cos\theta}{1+\cos\theta}$ 及万能代换公式.

(2) 注意

$$\frac{1+\sin A}{1-\sin A} = \frac{1-\cos(90°+A)}{1+\cos(90°+A)} = \frac{\sin^2\left(45°+\frac{A}{2}\right)}{\cos^2\left(45°+\frac{A}{2}\right)}$$

47.（2）$\tan\frac{x}{2}\sec x = \tan x - \tan\frac{x}{2}$.

（3）$\sin\theta \cdot \sin^2\frac{\theta}{2} = \frac{1}{2}\sin\theta - \frac{1}{2^2}\sin 2\theta$.

（4）令 $\varphi = \theta + \frac{\pi}{2}$，则 $\frac{1}{\cos\varphi\cos 2\varphi} = \frac{1}{\sin\varphi}(\tan 2\varphi - \tan\varphi)$.

（5）应用恒等式

$$\frac{\sin\theta}{\cos 2\theta + \cos\theta} = \frac{1}{4\sin\frac{\theta}{2}}\left(\frac{1}{\cos\frac{3\theta}{2}} - \frac{1}{\cos\frac{\theta}{2}}\right)$$

61.（2）左边 $= \frac{2R\sin C \sin(A-B)}{2R\sin B \sin(C-A)}$.

（3）证明左边和右边都等于 $R\sin(A-C)$.

（4）注意 $\sin\frac{A}{2} = \cos\frac{B+C}{2}$，于是

$$\text{左边} = a\cos\frac{B+C}{2}\sin\frac{B-C}{2} + \cdots$$

$$= 2R\sin A \cdot \frac{1}{2}(\sin B - \sin C) + \cdots$$

（5）用半角公式.

（6）证明左边－右边 $= 0$.

（8）左边 $= \frac{1-2\sin^2 A}{a^2} - \frac{1-2\sin^2 B}{b^2}$.

（10）$a\cos A = 2R\sin A\cos A = R\sin 2A$.

62.（2）$\cot A = \frac{\cos A}{\sin A} = \frac{b^2+c^2-a^2}{2bc} \cdot \frac{2R}{a}$.

三角恒等式

(3) $\dfrac{a^2\sin(B-C)}{\sin A} = 2R^2 \cdot 2\sin A\sin(B-C)$.

(4) $(a+b+c)(\cos A + \cos B + \cos C)$
$= a\cos A + b\cos B + c\cos C + (a\cos B + b\cos A) +$
$\quad (a\cos C + c\cos A) + (b\cos C + c\cos B)$
$= a\cos A + b\cos B + c\cos C + c + b + a$

74.(3) 已知条件可化为
$\sin B\cos C + \cos B\sin C = 2\sin C\cos B$

或者:由已知条件及正弦定理得
$a = 2R\sin A = 2R \cdot 2\sin C\cos B = 2(2R\sin C)\cos B$

即 $a = 2c\cos B$,故 $\cos B = \dfrac{a}{2c}$.

再由余弦定理,$b^2 = c^2 + a^2 - 2ca\cos B$ 得
$$b^2 = c^2 + a^2 - 2ca \cdot \dfrac{a}{2c} = c^2$$

第三种解法:

因为
$2\sin C\cos B = \sin(C+B) + \sin(C-B)$
$\qquad\qquad\quad = \sin A + \sin(C-B)$

所以已知条件化成 $\sin(C-B) = 0$.

78.(1) 在第 7 章 §2 的公式(6)中令 $\psi = 2x$.

(2) 在练习题 78(1)中换 x 为 $x + \dfrac{\pi}{2}$.

(3) 将左边的乘积分为两部分
$$\prod_{k=0}^{2n-1}\sin\left(x+\dfrac{k\pi}{n}\right) = \prod_{k=0}^{n-1}\sin\left(x+\dfrac{k\pi}{n}\right)\prod_{k=n}^{2n-1}\sin\left(x+\dfrac{k\pi}{n}\right)$$
$$= (-1)^n\left[\prod_{k=0}^{n-1}\sin\left(x+\dfrac{k\pi}{n}\right)\right]^2$$

80. 可以证明

$$\sin^2\frac{\pi}{14}\sin^2\frac{3\pi}{14}\sin^2\frac{5\pi}{14}=\frac{1}{64}$$

或即

$$\left(1-\cos\frac{\pi}{7}\right)\left(1-\cos\frac{3\pi}{7}\right)\left(1-\cos\frac{5\pi}{7}\right)=1$$

此时应利用练习题 79(1) 的结果.

81. 先通过 $\cos n\theta$ 的展开式，证明

$$\cos n\theta=2^{n-1}\left(\cos\theta-\cos\frac{\pi}{2n}\right)\left(\cos\theta-\cos\frac{3\pi}{2n}\right)\cdot\cdots\cdot$$
$$\left[\cos\theta-\cos\frac{(2n-1)\pi}{2n}\right]$$

于是可推导出：

当 n 为奇数时

$$\cos n\theta=2^{n-1}\left(\cos^2\theta-\cos^2\frac{\pi}{2n}\right)\left(\cos^2\theta-\cos^2\frac{3\pi}{2n}\right)\cdot\cdots\cdot$$
$$\left[\cos^2\theta-\cos^2\frac{(n-2)\pi}{2n}\right]\cos\theta$$

当 n 为偶数时

$$\cos n\theta=2^{n-1}\left(\cos^2\theta-\cos^2\frac{\pi}{2n}\right)\left(\cos^2\theta-\cos^2\frac{3\pi}{2n}\right)\cdot\cdots\cdot$$
$$\left[\cos^2\theta-\cos^2\frac{(n-2)\pi}{2n}\right]$$

再令 $\theta=0$.

85. 所给的式子可化为

$$f=2\left[\sin x+\cos x\sin\left(y+\frac{\pi}{6}\right)\right]$$

分别讨论 $\cos x>0$ 及 $\cos x<0$ 的情形，对于 $\cos x>0$，有

$$f\leqslant 2(\sin x+\cos x)=2\sqrt{2}\sin\left(x+\frac{\pi}{4}\right)\leqslant 2\sqrt{2}$$

三角恒等式

故当 $y+\dfrac{\pi}{6}=\dfrac{\pi}{2}$, $x+\dfrac{\pi}{4}=\dfrac{\pi}{2}$ 时,$f=2\sqrt{2}$ 为最大值时,对 $\cos x<0$,可类似地研究.

另一种方法:令 $y+\dfrac{\pi}{6}=z$,因为
$$(\sin x+\cos x\sin z)^2+(\cos x-\sin x\sin z)^2=1+\sin^2 z$$
所以
$$(\sin x+\cos x\sin z)^2\leqslant 1+\sin^2 z\leqslant 2$$
$$\sin x+\cos x\sin z\leqslant\sqrt{2}$$
当 $\sin^2 z=1$,$\cos x-\sin x\sin z=0$ 时等号成立,得最大值.

86.(1)先证明 $\cos x+\cos y+\cos z=1+4\sin\dfrac{x}{2}\cdot\sin\dfrac{y}{2}\sin\dfrac{z}{2}$,再利用本节例2的(3).

(2)证明
$$左边-右边=\dfrac{(\sin A-\cos A)^2}{(1-\sin A)+(1-\cos A)}$$

(3)注意
$$\tan\dfrac{A}{2}\tan\dfrac{B}{2}+\tan\dfrac{B}{2}\tan\dfrac{C}{2}+\tan\dfrac{C}{2}\tan\dfrac{A}{2}=1$$
对 $\tan\dfrac{A}{2}\tan\dfrac{B}{2}$,$\tan\dfrac{B}{2}\tan\dfrac{C}{2}$,$\tan\dfrac{C}{2}\tan\dfrac{A}{2}$ 应用"算术—几何平均不等式".

93.令 $\tan x=t$,$\tan(\alpha+\beta)=a$,$\tan(\alpha-\beta)=b$,原方程化为
$$\dfrac{a-t}{1+at}\cdot\dfrac{t-b}{1+bt}\cdot\dfrac{t+b}{1-bt}=1$$
即
$$(ab^2-1)t^3+(a+b^2)t^2-(a-b^2)t-(ab^2+1)=0$$

它有三个根
$$t_1 = \tan x_1,\ t_2 = \tan x_2,\ t_3 = \tan x_3$$
再利用韦达定理求出
$$\tan(x_1+x_2+x_3) = \tan\left(\frac{\pi}{4}+\alpha+\beta\right)$$

98. 如图 1,有
$$\sin\angle PAF \sin\angle PBD \sin\angle PCE$$
$$= \frac{PF}{AP} \cdot \frac{PD}{BP} \cdot \frac{PE}{CP} = \frac{PE}{AP} \cdot \frac{PF}{BP} \cdot \frac{PD}{CP}$$
$$= \sin\angle PAE \cdot \sin\angle PBF \cdot \sin\angle PCD$$
于是
$$\sin^3\omega = \sin(A-\omega)\sin(B-\omega)\sin(C-\omega)$$
由此设法导出所要的关系式.

99. 如图 2,在 AC 上截取 $AM=AB$,则 $\triangle ABM$ 是正三角形,设 $\angle MBC=\alpha$,则 $\alpha=\frac{1}{2}(B-C)$,设 $AB=AM=c$,那么
$$\sin B = \sin(60°+\alpha) = \frac{11}{c},\ c = \frac{11}{\sin(60°+\alpha)}$$
$$\sin C = \sin(60°-\alpha) = \frac{11}{c+4},\ c = \frac{11}{\sin(60°-\alpha)} - 4$$
由此建立关于 α 的三角方程.

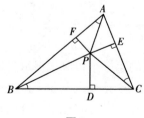
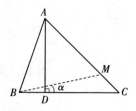

图 1　　　　　图 2

增补杂例

第 9 章

下面给出 30 个杂例,涉及三角恒等变形(例 1—11),反三角函数(例 12~14),三角形边角关系(例 15~18),消去式问题(例 19),三角不等式和极值(例 20~23),某些无理数的判定(例 24~26),以及三角恒等变形的一些应用(例 27~30),是对原版正文的补充,供读者参考.

例 1 证明
$$4(\sin^5\alpha+\cos^5\alpha)=(\sin\alpha+\cos\alpha)[5-(\sin\alpha+\cos\alpha)^4]$$
$$4(\sin^5\alpha-\cos^5\alpha)=(\sin\alpha-\cos\alpha)[5-(\sin\alpha-\cos\alpha)^4]$$

分析 要证的第一个恒等式提示我们要用 $\sin\alpha+\cos\alpha$ 表示 $\sin^5\alpha+\cos^5\alpha$. 这可应用多项式 x^5+y^5 的因式分解达到目的.

证明 因为

$$\begin{aligned}x^5+y^5 &= (x^5+x^4y)-(x^4y+x^3y^2)+(x^3y^2+\\&\quad x^2y^3)-(x^2y^3+xy^4)+(xy^4+y^5)\\&= x^4(x+y)-x^3y(x+y)+x^2y^2(x+y)-\\&\quad xy^3(x+y)+y^4(x+y)\\&= (x+y)(x^4-x^3y+x^2y^2-xy^3+y^4)\end{aligned}$$

所以

$$\begin{aligned}\sin^5\alpha+\cos^5\alpha &= (\sin\alpha+\cos\alpha)\cdot(\sin^4\alpha-\sin^3\alpha\cos\alpha+\\&\quad \sin^2\alpha\cos^2\alpha-\sin\alpha\cos^3\alpha+\cos^4\alpha)\\&= a(\sin^4\alpha-\sin^3\alpha\cos\alpha+\sin^2\alpha\cos^2\alpha-\\&\quad \sin\alpha\cos^3\alpha+\cos^4\alpha)\\&= a[(\sin^4\alpha+\cos^4\alpha)-\sin\alpha\cos\alpha(\sin^2\alpha+\\&\quad \cos^2\alpha)+\sin^2\alpha\cos^2\alpha]\\&= a[(\sin^2\alpha+\cos^2\alpha)^2-2\sin^2\alpha\cos^2\alpha-\\&\quad \sin\alpha\cos\alpha+\sin^2\alpha\cos^2\alpha]\\&= a(1-\sin^2\alpha\cos^2\alpha-\sin\alpha\cos\alpha)\end{aligned}$$

为求 $\sin\alpha\cos\alpha$,记 $\sin\alpha+\cos\alpha=a$,将此等式两边平方,得到

$$(\sin^2\alpha+\cos^2\alpha)+2\sin\alpha\cos\alpha=a^2$$

因此

$$\sin\alpha\cos\alpha=\frac{a^2-1}{2}$$

于是

$$\sin^5\alpha+\cos^5\alpha=a\left[1-\frac{(a^2-1)^2}{4}-\frac{a^2-1}{2}\right]=\frac{1}{4}a(5-a^4)$$

从而得到第一个恒等式.

注意

$$\sin\alpha-\cos\alpha=-[\sin(-\alpha)+\cos(-\alpha)]$$
$$\sin^5\alpha-\cos^5\alpha=-[\sin^5(-\alpha)+\cos^5(-\alpha)]$$
$$(\sin\alpha-\cos\alpha)^4=[\sin(-\alpha)+\cos(-\alpha)]^4$$

三角恒等式

在第一个恒等式中将 α 换成 $-\alpha$，即得第二个恒等式.

例2 设 $\tan(\alpha+\beta)=3\tan\alpha$，证明
$$\sin(2\alpha+2\beta)+\sin 2\alpha=2\sin 2\beta$$

证明 由万能代换公式
$$\sin 2\theta=\frac{2\tan\theta}{1+\tan^2\theta}$$

要证的恒等式的
$$左边=\frac{2\tan(\alpha+\beta)}{1+\tan^2(\alpha+\beta)}+\frac{2\tan\alpha}{1+\tan^2\alpha}$$
$$=\frac{6\tan\alpha}{1+9\tan^2\alpha}+\frac{2\tan\alpha}{1+\tan^2\alpha}$$
$$右边=\frac{4\tan\beta}{1+\tan^2\beta}$$

因此要证的恒等式等价于
$$\frac{6\tan\alpha}{1+9\tan^2\alpha}+\frac{2\tan\alpha}{1+\tan^2\alpha}=\frac{4\tan\beta}{1+\tan^2\beta}$$

由题设条件 $\tan(\alpha+\beta)=3\tan\alpha$ 得到
$$\frac{\tan\alpha+\tan\beta}{1-\tan\alpha\tan\beta}=3\tan\alpha$$

由此解出
$$\tan\beta=\frac{2\tan\alpha}{1+3\tan^2\alpha}$$

将此式代入上面要证的恒等式（等价形式）的右边，经计算即知恒等式成立（计算细节由读者补出）.

例3 求 $P=(1+\tan 1°)(1+\tan 2°)\cdots(1+\tan 44°)$.

解法1 若 $x+y=45°$，则
$$\tan 45°=\tan(x+y)=\frac{\tan x+\tan y}{1-\tan x\tan y}=1$$

因此

$$\tan x + \tan y + \tan x \tan y = 1 \quad (x+y=45°)$$

据此有

$$(1+\tan 1°)(1+\tan 44°) = 1+\tan 1°+\tan 44°+\tan 1°\tan 44° = 1+1 = 2$$

$$(1+\tan 2°)(1+\tan 43°) = 2$$

$$\vdots$$

$$(1+\tan 22°)(1+\tan 23°) = 2$$

于是 $P = 2^{22} = 4^{11}$.

解法 2 因为当 $k = 1, 2, \cdots, 44$ 时

$$1+\tan k° = \tan 45° + \tan k° = \frac{\sin(45°+k°)}{\cos 45° \cos k°}$$

$$= \left(\frac{2}{\sqrt{2}}\right)\frac{\sin(45°+k°)}{\cos k°}$$

(见练习题 10),所以

$$P = (\tan 45° + \tan 1°)(\tan 45° + \tan 2°) \cdots (\tan 45° + \tan 44°) = \left(\frac{2}{\sqrt{2}}\right)^{44} \frac{\sin 46° \sin 47° \cdots \sin 89°}{\cos 1° \cos 2° \cdots \cos 44°}.$$

注意

$$\sin 46° = \cos 44°, \sin 47° = \cos 43°$$

$$\vdots$$

$$\sin 89° = \cos 1°$$

于是 $P = 4^{11}$.

例 4 求 $\sin 18°, \cos 18°, \tan 18°$ 的值.

解 记 $\theta = 18°$. 因为 $5\theta = 90°, 2\theta = 90° - 3\theta$,所以 $\sin 2\theta = \cos 3\theta$. 应用二倍角和三倍角公式,由此推出

$$2\sin\theta\cos\theta = 4\cos^3\theta - 3\cos\theta$$

因为 $\cos\theta \neq 0$,所以 $2\sin\theta = 4\cos^2\theta - 3$,即

$$2\sin\theta = 4(1-\sin^2\theta) - 3$$

于是得知 $\sin\theta$ 满足方程

三角恒等式

$$4x^2+2x-1=0$$

此方程两个根是 $x=\dfrac{-1\pm\sqrt{5}}{4}$. 因为 $\sin\theta>0$, 所以

$$\sin 18°=\dfrac{\sqrt{5}-1}{4}$$

进而求得

$$\cos 18°=\sqrt{1-\sin^2 18°}=\dfrac{\sqrt{10+2\sqrt{5}}}{4}$$

$$\tan 18°=\dfrac{\sin 18°}{\cos 18°}=\sqrt{\dfrac{5-2\sqrt{5}}{5}}$$

注 还可应用几何方法直接求出 $\sin 18°$.

例 5 证明

$$\tan\dfrac{3\pi}{11}+4\sin\dfrac{2\pi}{11}=\sqrt{11}$$

分析 这类问题通常要应用三角函数的指数表达式,使解法代数化.

证明 因为

$$\cos\theta=\dfrac{e^{i\theta}+e^{-i\theta}}{2},\ \sin\theta=\dfrac{e^{i\theta}-e^{-i\theta}}{2i}$$

($i=\sqrt{-1}$, 见第 7 章 §1), 所以

$$\tan\theta=\dfrac{e^{i\theta}-e^{-i\theta}}{i(e^{i\theta}+e^{-i\theta})}$$

于是

$$i\tan\dfrac{3\pi}{11}=\dfrac{e^{3\pi i/11}-e^{-3\pi i/11}}{e^{3\pi i/11}+e^{-3\pi i/11}}$$

$$=\dfrac{e^{-3\pi i/11}(e^{6\pi i/11}-1)}{e^{-3\pi i/11}(e^{6\pi i/11}+1)}$$

$$=\dfrac{e^{6\pi i/11}-1}{e^{6\pi i/11}+1}$$

记 $\alpha = e^{2\pi i/11}$. 那么 $\alpha^{11}=1$. 注意 $\alpha^{33}=(\alpha^{11})^3=1$，所以
$$i\tan\frac{3\pi}{11}=\frac{\alpha^3-1}{\alpha^3+1}=\frac{\alpha^3-\alpha^{33}}{\alpha^3+1}=\frac{\alpha^3(1-\alpha^{30})}{\alpha^3+1}$$

因为当 $x\ne 1$ 时
$$\frac{1-x^{10}}{1-x}=x^9+x^8+x^7+x^6+x^5+$$
$$x^4+x^3+x^2+x+1$$

令 $x=-\alpha^3$，可知
$$\frac{\alpha^3(1-\alpha^{30})}{\alpha^3+1}=\alpha^3(-\alpha^{27}+\alpha^{24}-\alpha^{21}+\cdots-\alpha^3+1)$$
$$=-\alpha^{30}+\alpha^{27}-\alpha^{24}+\cdots-\alpha^6+\alpha^3$$

应用 $\alpha^{11}=1$ 可知 $\alpha^{30}=\alpha^8$，$\alpha^{27}=\alpha^5$ 等，因此
$$i\tan\frac{3\pi}{11}=-\alpha^8+\alpha^5-\alpha^2+\alpha^{10}-\alpha^7+$$
$$\alpha^4-\alpha+\alpha^9-\alpha^6+\alpha^3$$

我们还有
$$4i\sin\frac{2\pi}{11}=4i\frac{e^{2\pi i/11}-e^{-2\pi i/11}}{2i}$$
$$=2(\alpha-\alpha^{-1})=2(\alpha-\alpha^{10})$$

令
$$A=\alpha+\alpha^3+\alpha^4+\alpha^5+\alpha^9$$
$$B=\alpha^2+\alpha^6+\alpha^7+\alpha^8+\alpha^{10}$$

那么
$$i\tan\frac{3\pi}{11}+4i\sin\frac{2\pi}{11}=A-B$$

我们来求 $A-B$. 因为
$$x^{11}-1=(x-1)(x^{10}+x^9+\cdots+x+1)=0$$
并且 $\alpha\ne 1$，$\alpha^{11}=1$，所以
$$\alpha^{10}+\alpha^9+\cdots+\alpha+1=0$$

从而

三角恒等式

$$A+B = \alpha^{10}+\alpha^9+\cdots+\alpha = -1$$

还有(注意 $\alpha^{11}=1$)

$$\begin{aligned}AB &= (\alpha+\alpha^3+\alpha^4+\alpha^5+\alpha^9)(\alpha^2+\alpha^6+\alpha^7+\alpha^8+\alpha^{10})\\ &= (\alpha^3+\alpha^7+\cdots+\alpha^{11})+\cdots+(\alpha^{11}+\alpha^{15}+\cdots+\alpha^{19})\\ &= 5+2(\alpha^{10}+\alpha^9+\cdots+\alpha) = 5+2(-1) = 3\end{aligned}$$

因此 A,B 是二次方程 $x^2+x-3=0$ 的两个根，从而

$$A-B = \pm i\sqrt{11}$$

于是

$$i\tan\frac{3\pi}{11}+4i\sin\frac{2\pi}{11} = \pm i\sqrt{11}$$

显然右边的负号不合要求，所以得到

$$\tan\frac{3\pi}{11}+4\sin\frac{2\pi}{11} = \sqrt{11}$$

例 6 用 $\cos 10°$ 表示

$$S = \cos 10°+\cos 20°+\cos 30°+\cdots+\cos 80°$$

解法 1 在练习题 47(1)中令 $\alpha=\beta=10°, n=8$，得到

$$\begin{aligned}S &= \frac{\cos(10°+35°)\sin 40°}{\sin 5°} = \frac{\sqrt{2}}{2}\cdot\frac{\sin 40°}{\sin 5°}\\ &= \frac{\sqrt{2}}{2}\cdot\frac{\sin(45°-5°)}{\sin 5°}\\ &= \frac{\sqrt{2}}{2}\cdot\frac{\sin 45°\cos 5°-\cos 45°\sin 5°}{\sin 5°}\\ &= \frac{\sqrt{2}}{2}\cdot\frac{\sqrt{2}}{2}\cdot\frac{\cos 5°-\sin 5°}{\sin 5°}\\ &= \frac{1}{2}(\cot 5°-1)\end{aligned}$$

因为

$$\cot 5° = \sqrt{\frac{1+\cos 10°}{1-\cos 10°}}$$

所以

$$S = \frac{1}{2}\left(\sqrt{\frac{1+\cos 10°}{1-\cos 10°}} - 1\right)$$

解法 2 我们有

$S = (\cos 30° + \cos 60°) + (\cos 10° + \cos 80°) +$
$\quad (\cos 20° + \cos 70°) + (\cos 40° + \cos 50°)$
$= \frac{1}{2}(\sqrt{3}+1) + 2\cos 45°\cos 35° +$
$\quad 2\cos 45°\cos 25° + 2\cos 45°\cos 5°$
$= \frac{1}{2}(\sqrt{3}+1) + \sqrt{2}(\cos 35° + \cos 25° + \cos 5°)$
$= \frac{1}{2}(\sqrt{3}+1) + \sqrt{2}(2\cos 30°\cos 5° + \cos 5°)$
$= \frac{1}{2}(\sqrt{3}+1) + \sqrt{2}\cos 5°(\sqrt{3}+1)$
$= (\sqrt{3}+1)\left(\frac{1}{2} + \sqrt{2}\cos 5°\right)$

因为

$$\cos 5° = \sqrt{\frac{1+\cos 10°}{2}}$$

所以

$$S = (\sqrt{3}+1)\left(\frac{1}{2} + \sqrt{1+\cos 10°}\right)$$

例 7 令

$$f(\theta) = \sin^2\theta + \sin^2(\theta+\alpha) + \sin^2(\theta+\beta)$$

其中 $0 \leqslant \alpha \leqslant \beta \leqslant \pi$. 证明:若 $f(\theta)$ 与 θ 无关,则 $|\beta-\alpha| = \frac{\pi}{3}$.

三角恒等式

证明 由半角公式得到

$$f(\theta) = \frac{3}{2} - \frac{1}{2}[\cos\varphi + \cos(\varphi+\lambda) + \cos(\varphi+\mu)]$$

其中 $\varphi = 2\theta, \lambda = 2\alpha, \mu = 2\beta, 0 \leqslant \lambda \leqslant \mu \leqslant 2\pi$. 若 $f(\theta)$ 与 θ 无关,则

$$\cos\varphi + \cos(\varphi+\lambda) + \cos(\varphi+\mu) = C$$

其中 C 是常数,与 φ 无关. 因此换 φ 为 $\varphi + \frac{\pi}{2}$, 得到

$$-\sin\varphi - \sin(\varphi+\lambda) - \sin(\varphi+\mu) = C$$

因为

$$f(\theta) + f(\theta + \frac{\pi}{2}) = [\sin^2\theta + \sin^2(\theta+\alpha) + \sin^2(\theta+\beta)] +$$
$$[\cos^2\theta + \cos^2(\theta+\alpha) + \cos^2(\theta+\beta)] = 3$$

同时有

$$f(\theta) + f(\theta + \frac{\pi}{2}) = \left(\frac{3}{2} - \frac{1}{2} \cdot C\right) + \left(\frac{3}{2} - \frac{1}{2} \cdot C\right) = 3 - C$$

所以 $3 - C = 3$, 从而 $C = 0$. 于是

$$[\cos\varphi + \cos(\varphi+\lambda) + \cos(\varphi+\mu)] +$$
$$i[\sin\varphi + \sin(\varphi+\lambda) + \sin(\varphi+\mu)]$$
$$= 0 + i0 = 0$$

其中 $i = \sqrt{-1}$. 令

$$z_1 = \cos\varphi + i\sin\varphi$$
$$z_2 = \cos(\varphi+\lambda) + i\sin(\varphi+\lambda)$$
$$z_3 = \cos(\varphi+\mu) + i\sin(\varphi+\mu)$$

那么

$$z_1 + z_2 + z_3 = 0$$
$$|z_1| = |z_2| = |z_3| = 1$$

由此可知

$$z_1 + z_2 = -z_3, |z_1 + z_2| = |-z_3| = 1$$

因而(在 xOy 平面上)点 z_1, z_2, z_3 是一个正三角形的三个顶点,从而 $\vec{Oz_1}, \vec{Oz_2}, \vec{Oz_3}$ 两两间的夹角是 $\frac{2\pi}{3}$,于是

$$|\beta-\alpha| = \frac{|\mu-\lambda|}{2} = \frac{\pi}{3}$$

例 8 确定 x, y, z 满足的充分必要条件,使得

$$\cos^2 x + \cos^2 y + \cos^2 z + 2\cos x \cos y \cos z = 1$$

成立;并讨论当限定 x, y, z 为锐角时,它们所满足的充分必要条件.

分析 已知条件中 x, y, z "独立"地作为余弦函数的自变量,如将题中表达式(变形为右边为 0 的形式)化为乘积形式,就为解决问题提供更合适的前提.

解 令

$$\sigma = \cos^2 x + \cos^2 y + \cos^2 z + 2\cos x \cos y \cos z - 1$$

我们首先将它们化为乘积形式. 因为(参见第 3 章 §1 例 1 的注)

$$\cos^2 y + \cos^2 z - 1 = \cos^2 y - \sin^2 z$$
$$= \cos(y+z)\cos(y-z)$$

以及

$$2\cos x \cos y \cos z = \cos x[\cos(y+z) + \cos(y-z)]$$

所以

$$\sigma = \cos^2 x + \cos x[\cos(y+z) + \cos(y-z)] + \cos(y+z)\cos(y-z)$$

注意 $a^2 + a(b+c) + bc = (a+b)(a+c)$(左边式子容易用分组或十字相乘方法分解),我们有

$$\sigma = [\cos x + \cos(y+z)][\cos x + \cos(y-z)]$$
$$= 4\cos\frac{x+y+z}{2}\cos\frac{-x+y+z}{2}\cos\frac{x+y-z}{2}\cos\frac{x-y+z}{2}$$

题中等式等价于 $\sigma=0$,因此所求的充分必要条件是至少存在一个整数 $k_i(1\leqslant i\leqslant 4)$ 使得下列四式中有一个成立

$$x+y+z=(2k_1+1)\pi,\ -x+y+z=(2k_2+1)\pi$$
$$x-y+z=(2k_3+1)\pi,\ x+y-z=(2k_4+1)\pi$$

如果限定 x,y,z 都是锐角,那么上面 4 个式子中的后 3 个不可能成立. 例如,容易推出此时

$$-\frac{\pi}{2}<-x+y+z<\pi$$

因而 $-x+y+z$ 不可能等于 π 的奇数倍. 于是题中等式成立的充分必要条件是:存在整数 k_1 使得

$$x+y+z=(2k_1+1)\pi$$

注意 $0<x+y+z<\dfrac{3\pi}{2}$,所以只可能 $k_1=0$. 于是 $x+y+z=\pi$,即 x,y,z 是一个锐角三角形的三个内角.

例 9 证明

$$\sin x\sin(y-z)\sin(y+z-x)+$$
$$\sin y\sin(z-x)\sin(z+x-y)+$$
$$\sin z\,\sin(x-y)\sin(x+y-z)$$
$$=2\sin(x-y)\sin(y-z)\sin(z-x)$$

分析 如果在要证的等式中将 x,y,z 做轮换,即同时将 x 换为 y,y 换为 z,z 换为 x,那么该等式不变,这个特性可使计算简化.

证明 左边后两项要由其前一项对自变量 x,y,z 作轮换得到,所以只需考虑第一项,它等于

$$\frac{1}{2}[\cos(x-y+z)-\cos(x+y-z)]\sin(y+z-x)$$
$$=\frac{1}{2}\sin(y+z-x)\cos(x-y+z)-$$

$$\frac{1}{2}\sin(y+z-x)\cdot\cos(x+y-z)$$
$$=\frac{1}{4}[\sin 2y+\sin(2y-2x)-\sin 2y-\sin(2z-2x)]$$

在最后一式中作两次自变量的轮换,然后将它们(三个式子)相加,可知左边等于

$$\frac{1}{2}[\sin 2(y-x)+\sin 2(z-y)+\sin 2(x-z)]$$
$$=\frac{1}{2}[\sin 2(y-z)+\sin 2(z-y)]+\frac{1}{2}\sin 2(x-z)$$
$$=\sin(z-x)\cos(2y-x-z)+\sin(x-z)\cos(x-z)$$
$$=\sin(z-x)[\cos(2y-x-z)-\cos(x-z)]$$
$$=2\sin(z-x)[-\sin(y-z)\sin(y-x)]=\text{右边}$$

例 10 设 $\sin\alpha+\sin\beta+\sin\gamma=0$,$\cos\alpha+\cos\beta+\cos\gamma=0$. 证明

$$\sin 3\alpha+\sin 3\beta+\sin 3\gamma=3\sin(\alpha+\beta+\gamma)$$
$$\cos 3\alpha+\cos 3\beta+\cos 3\gamma=3\cos(\alpha+\beta+\gamma)$$

证明 令

$$x=\cos\alpha+i\sin\alpha$$
$$y=\cos\beta+i\sin\beta$$
$$z=\cos\gamma+i\sin\gamma$$

其中 $i=\sqrt{-1}$. 由题设知

$$x+y+z=\cos(\alpha+\beta+\gamma)+i\sin(\alpha+\beta+\gamma)=0$$

因为

$$x^3+y^3+z^3-3xyz$$
$$=(x+y)^3-3xy(x+y)+z^3-3xyz$$
$$=[(x+y)^3+z^3]-3xy(x+y)-3xyz$$
$$=(x+y+z)[(x+y)^2-(x+y)z+z^2]-3xy(x+y+z)$$

三角恒等式

$$= (x+y+z)[(x+y)^2-(x+y)z+z^2-3xy]$$
$$= (x+y+z)(x^2+y^2+z^2-xy-yz-zx)$$

所以 $x^3+y^3+z^3-3xyz=0$,也就是
$$(\cos\alpha+i\sin\alpha)^3+(\cos\beta+i\sin\beta)^3+(\cos\gamma+i\sin\gamma)^3$$
$$=3(\cos\alpha+i\sin\alpha)(\cos\beta+i\sin\beta)(\cos\gamma+i\sin\gamma)$$

依复数运算法则,由上式得
$$(\cos 3\alpha+i\sin 3\alpha)+(\cos 3\beta+i\sin 3\beta)+(\cos 3\gamma+i\sin 3\gamma)$$
$$=3[\cos(\alpha+\beta+\gamma)+i\sin(\alpha+\beta+\gamma)]$$

即
$$(\cos 3\alpha+\cos 3\beta+\cos 3\gamma)+i(\sin 3\alpha+\sin 3\beta+\sin 3\gamma)$$
$$=3[\cos(\alpha+\beta+\gamma)+i\sin(\alpha+\beta+\gamma)]$$

分别等置两边的实部和虚部,即得所要证的恒等式.

例 11 设 $n \geqslant 2, \varphi_1, \varphi_2, \cdots, \varphi_{n-1}$ 是任意实数,令
$$x_1 = \sin\varphi_1$$
$$x_2 = \cos\varphi_1 \sin\varphi_2$$
$$x_3 = \cos\varphi_1 \cos\varphi_2 \sin\varphi_3$$
$$\vdots$$
$$x_{n-1} = \cos\varphi_1 \cos\varphi_2 \cdots \cos\varphi_{n-2} \sin\varphi_{n-1}$$
$$x_n = \cos\varphi_1 \cos\varphi_2 \cdots \cos\varphi_{n-2} \cos\varphi_{n-1}$$

则 $x_1^2+x_2^2+\cdots+x_n^2=1$.

分析 先试 $n=2,3$ 等,可发现规律.

证明 依次计算,我们首先有
$$x_{n-1}^2+x_n^2 = \cos^2\varphi_1 \cos^2\varphi_2 \cdots \cos^2\varphi_{n-2} \sin^2\varphi_{n-1} +$$
$$\cos^2\varphi_1 \cos^2\varphi_2 \cdots \cos^2\varphi_{n-2} \cos^2\varphi_{n-1}$$
$$= \cos^2\varphi_1 \cos^2\varphi_2 \cdots \cos^2\varphi_{n-2}(\sin^2\varphi_{n-1}+$$
$$\cos^2\varphi_{n-1}) = \cos^2\varphi_1 \cos^2\varphi_2 \cdots \cos 2\varphi_{n-2}$$

其次有
$$x_{n-2}^2+x_{n-1}^2+x_n^2 = x_{n-2}^2+(x_{n-1}^2+x_n^2)$$

$$= \cos^2\varphi_1 \cos^2\varphi_2 \cdots \cos^2\varphi_{n-3} \sin^2\varphi_{n-2} +$$
$$\quad \cos^2\varphi_1 \cos^2\varphi_2 \cdots \cos^2\varphi_{n-3} \cos^2\varphi_{n-2}$$
$$= \cos^2\varphi_1 \cos^2\varphi_2 \cdots \cos^2\varphi_{n-3}(\sin^2\varphi_{n-2} + \cos^2\varphi_{n-2})$$
$$= \cos^2\varphi_1 \cos^2\varphi_2 \cdots \cos^2\varphi_{n-3}$$

等,直至得到 $x_3^2 + \cdots + x_n^2 = \cos^2\varphi_1 \cos^2\varphi_2$,从而

$$x_2^2 + x_3^2 + \cdots + x_n^2 = \cos^2\varphi_1 \sin^2\varphi_2 + \cos^2\varphi_1 \cos^2\varphi_2$$
$$= \cos^2\varphi_1 (\sin^2\varphi_2 + \cos^2\varphi_2)$$
$$= \cos^2\varphi_1$$
$$x_1^2 + x_2^2 + \cdots + x_n^2 = \sin^2\varphi_1 + \cos^2\varphi_1 = 1$$

例 12 证明

(1) 若 $-\dfrac{\pi}{2} + 2k\pi \leqslant x \leqslant \dfrac{\pi}{2} + 2k\pi$,则 $\arcsin(\sin x) = x - 2k\pi$.

(2) 对于任何 $x \in \mathbf{R}$ 有

$$\arcsin(\sin x) = (-1)^n \pi \left\{ \dfrac{x}{\pi} + \dfrac{1}{2} \right\} + (-1)^{n+1} \dfrac{\pi}{2}$$

其中

$$n = \left[\dfrac{x}{\pi} + \dfrac{1}{2} \right]$$

此处符号 $[a]$ 表示 a 的整数部分,即不超过 a 的最大整数,$\{a\} = a - [a]$ 表示实数 a 的小数部分.

证明 (1) 由反三角正弦函数主值定义,若 $-\dfrac{\pi}{2} \leqslant \alpha \leqslant \dfrac{\pi}{2}$,则 $\arcsin(\sin\alpha) = \alpha$. 因此若 $-\dfrac{\pi}{2} + 2k\pi \leqslant x \leqslant \dfrac{\pi}{2} + 2k\pi$,则 $-\dfrac{\pi}{2} \leqslant x - 2k\pi \leqslant \dfrac{\pi}{2}$. 因此

$$\arcsin(\sin x) = x - 2k\pi$$

(2) 因为

三角恒等式

$$\frac{x}{\pi}+\frac{1}{2}=\left[\frac{x}{\pi}+\frac{1}{2}\right]+\left\{\frac{x}{\pi}+\frac{1}{2}\right\}$$

所以

$$x=\pi\left[\frac{x}{\pi}+\frac{1}{2}\right]+\pi\left\{\frac{x}{\pi}+\frac{1}{2}\right\}-\frac{\pi}{2}$$

于是

$$\sin x = \sin\left(\pi\left[\frac{x}{\pi}+\frac{1}{2}\right]+\pi\left\{\frac{x}{\pi}+\frac{1}{2}\right\}-\frac{\pi}{2}\right)$$
$$=(-1)^n\sin\left(\pi\left\{\frac{x}{\pi}+\frac{1}{2}\right\}-\frac{\pi}{2}\right)$$
$$=\sin\left((-1)^n\left(\pi\left\{\frac{x}{\pi}+\frac{1}{2}\right\}-\frac{\pi}{2}\right)\right)$$

又因为

$$0\leqslant\left\{\frac{x}{\pi}+\frac{1}{2}\right\}<1$$

所以

$$-\frac{\pi}{2}\leqslant\pi\left\{\frac{x}{\pi}+\frac{1}{2}\right\}-\frac{\pi}{2}<\frac{\pi}{2}$$

从而

$$-\frac{\pi}{2}\leqslant(-1)^n\left(\pi\left\{\frac{x}{\pi}+\frac{1}{2}\right\}-\frac{\pi}{2}\right)\leqslant\frac{\pi}{2}$$

因此,依反三角正弦函数的定义得到

$$\arcsin(\sin x)=(-1)^n\pi\left\{\frac{x}{\pi}+\frac{1}{2}\right\}+(-1)^{n+1}\frac{\pi}{2}$$

例 13 设 $\arctan x+\arctan y+\arctan z=\frac{\pi}{2}$,则 $xy+yz+zx=1$.

证明 令 $\alpha=\arctan x$,$\beta=\arctan y$,$\gamma=\arctan z$,则 $\tan\alpha=x$,$\tan\beta=y$,$\tan\gamma=z$. 依题设 $\alpha+\beta+\gamma=\frac{\pi}{2}$,所以由公式

第9章 增补杂例

$$\tan(\alpha+\beta+\gamma)=\frac{\tan\alpha+\tan\beta+\tan\gamma-\tan\alpha\tan\beta\tan\gamma}{1-\tan\alpha\tan\beta-\tan\beta\tan\gamma-\tan\gamma\tan\alpha}$$

推出

$$1-\tan\alpha\tan\beta-\tan\beta\tan\gamma-\tan\gamma\tan\alpha=0$$

即得 $xy+yz+zx=1$.

例 14 设 $\arcsin x+\arcsin y=\alpha$,则
$$(x^2-y^2-\sin^2\alpha)^2=4y^2(1-x^2)\sin^2\alpha$$

证明 令 $\varphi=\arcsin x, \psi=\arcsin y$,则 $\sin\varphi=x$, $\sin\psi=y$,于是
$$\cos\varphi=\sqrt{1-x^2},\ \cos\psi=\sqrt{1-y^2}$$

由加法定理
$$\sin\alpha=\sin(\varphi+\psi)=\sin\varphi\cos\psi+\cos\varphi\sin\psi$$

所以
$$x\sqrt{1-y^2}+y\sqrt{1-x^2}=\sin\alpha$$

为消去根号,移项得
$$x\sqrt{1-y^2}=-y\sqrt{1-x^2}+\sin\alpha$$

两边平方,得到
$$x^2(1-y^2)=y^2(1-x^2)-2y\sqrt{1-x^2}\sin\alpha+\sin^2\alpha$$

整理并移项,得
$$x^2-y^2-\sin^2\alpha=-2y\sqrt{1-x^2}\sin\alpha$$

两边平方,即得
$$(x^2-y^2-\sin^2\alpha)^2=4y^2(1-x^2)\sin^2\alpha$$

例 15 如果△ABC 的三边 a,b,c 满足
$$a^2-a-2b-2c=0$$
$$a+2b-2c+3=0$$
求它的最大角.

解 将题中所给两个等式分别相加和相减,得到

三角恒等式

$$c=\frac{a^2+3}{4}, b=\frac{a^2-2a-3}{4}$$

因为 $b=\frac{(a-3)(a+1)}{4}>0$，所以 $a>3$，于是

$$c-a=\frac{a^2+3}{4}-a=\frac{1}{4}[(a-2)^2-1]>0$$

$$c-b=\frac{a^2+3}{4}-\frac{a^2-2a-3}{4}=\frac{1}{2}(a+3)>0$$

从而 $c>a, c>b$，可见 c 是最大边，C 是最大角．由余弦定理知

$$\cos C=\frac{a^2+b^2-c^2}{2ab}$$

其中

$$a^2+b^2-c^2=a^2+\left(\frac{a^2-2a-3}{4}\right)^2-\left(\frac{a^2+3}{4}\right)^2$$
$$=-a(a^2-2a-3)$$

$$2ab=2a\cdot\frac{a^2-2a-3}{4}=\frac{a(a^2-2a-3)}{2}$$

因此

$$\cos C=-\frac{1}{2}$$

从而 △ABC 的最大角 $C=120°$．

例 16 如果在 △ABC 中，$\angle B=2\angle C$，那么 $AC<2AB$．

证明 由正弦定理知

$$AC=AB\cdot\frac{\sin B}{\sin C}=AB\cdot\frac{\sin 2C}{\sin C}$$
$$=AB\cdot\frac{2\sin C\cos C}{\sin C}=AB\cdot 2\cos C$$

因为 C 是三角形的内角，所以 $0<\cos C<1$，从而 $AC<2AB$．

注 请读者考虑本例的纯几何证法.

例 17 如果在 $\triangle ABC$ 中,$AB=AC$,线段 BD 是 $\angle B$ 的平分线(点 D 在边 AC 上),并且 $BD+AD=BC$,求 $\triangle ABC$ 的各个内角.

解 请读者画草图.设 $\angle ABD=\angle DBC=x$,那么 $\angle BCD=2x$,$\angle BDC=180°-3x$,$\angle BAC=\angle BDC-\angle ABD=180°-4x$. 对 $\triangle BDC$ 和 $\triangle BAC$ 分别应用正弦定理,得到

$$BC=\frac{BD\sin(180°-3x)}{\sin 2x}=\frac{BD\sin 3x}{\sin 2x}$$

$$AD=\frac{BD\sin x}{\sin(180°-4x)}=\frac{BD\sin x}{\sin 4x}$$

将它们代入 $BD+AD=BC$,得到

$$1+\frac{\sin x}{\sin 4x}=\frac{\sin 3x}{\sin 2x}$$

因为(应用积化和差公式及和差化积公式)

$$\frac{\sin 3x}{\sin 2x}-\frac{\sin x}{\sin 4x}$$

$$=\frac{\sin 3x\sin 4x-\sin x\sin 2x}{\sin 2x\sin 4x}$$

$$=\frac{-\frac{1}{2}(\cos 7x-\cos x)+\frac{1}{2}(\cos 3x-\cos x)}{-\frac{1}{2}(\cos 6x-\cos 2x)}$$

$$=\frac{\cos 7x-\cos 3x}{\cos 6x-\cos 2x}=\frac{-2\sin 5x\sin 2x}{-2\sin 4x\sin 2x}=\frac{\sin 5x}{\sin 4x}$$

所以得到

$$\frac{\sin 5x}{\sin 4x}=1,\ \sin 5x=\sin 4x$$

因为 $2x=\angle BCD\in(0°,180°)$,所以 $x\in(0°,90°)$.由此解出 $x=20°$,从而 $\angle ABC=\angle ACB=40°$,$\angle BAC=$

三角恒等式

$100°$.

例 18　如果在 $\triangle ABC$ 中，$\angle A = 72°$，三边 a, b, c 之间有关系式

$$(a^2 - c^2)^2 = b^2(2c^2 - b^2)$$

求 $\angle B$ 和 $\angle C$.

解　由余弦定理知

$$\cos\angle C = \frac{a^2 + b^2 - c^2}{2ab}$$

由所给关系式得到

$$a^4 + b^4 + c^4 - 2a^2c^2 - 2b^2c^2 = 0$$

所以

$$\cos^2\angle C = \left(\frac{a^2 + b^2 - c^2}{2ab}\right)^2$$

$$= \frac{a^4 + b^4 + c^4 - 2a^2c^2 - 2b^2c^2 + 2a^2b^2}{4a^2b^2}$$

$$= \frac{0 + 2a^2b^2}{4a^2b^2} = \frac{1}{2}$$

于是

$$\cos\angle C = \pm\frac{\sqrt{2}}{2}$$

从而 $\angle C = 45°$ 或 $135°$. 但 $135° + 72° > 180°$，所以 $\angle C = 45°$，因而 $\angle B = 180° - \angle A - \angle C = 63°$.

例 19　设 $a, b, c \neq 1$. 由下列三式消去 x, y, z 得

$$\begin{cases} \sin x = a\sin(y - z) \\ \sin y = b\sin(z - x) \\ \sin x = c\sin(x - y) \end{cases}$$

解　由第一式得

$$\frac{\sin x}{\sin(y - z)} = \frac{a}{1}$$

应用比例性质得到

$$\frac{\sin x+\sin(y-z)}{\sin x-\sin(y-z)}=\frac{a+1}{a-1}$$

和差化积得

$$\frac{2\sin\dfrac{x+y-z}{2}\cos\dfrac{x-y+z}{2}}{2\sin\dfrac{x-y+z}{2}\cos\dfrac{x+y-z}{2}}=\frac{a+1}{a-1}$$

于是

$$\frac{\tan\dfrac{x+y-z}{2}}{\tan\dfrac{x-y+z}{2}}=\frac{a+1}{a-1}$$

类似地,由另两式得到

$$\frac{\tan\dfrac{y+z-x}{2}}{\tan\dfrac{y-z+x}{2}}=\frac{b+1}{b-1}$$

$$\frac{\tan\dfrac{z+x-y}{2}}{\tan\dfrac{z-x+y}{2}}=\frac{c+1}{c-1}$$

将所得三式相乘,得到

$$\frac{(a+1)(b+1)(c+1)}{(a-1)(b-1)(c-1)}=1$$

化简后即得

$$ab+bc+ca=-1.$$

例 20 证明:若 $0\leqslant\varphi\leqslant\dfrac{\pi}{2}$,则 $\cos\sin\varphi>\sin\cos\varphi$.

证 首先给出一个常用的简单结果. 应用单位圆,可知角 x(始边在 X 轴上,顶点与原点重合)所对的单位圆弧长是 $|x|$(注意 x 是弧度度量的),它大于对应

三角恒等式

的正弦线的长度 $|\sin x|$,因此一般地有
$$|\sin x| \leqslant |x|$$
(等式仅当 $x=0$ 时成立).

因为 $0 \leqslant \varphi \leqslant \dfrac{\pi}{2}$,所以 $0 \leqslant \cos \varphi \leqslant 1 \leqslant \dfrac{\pi}{2}$.依上面所证的不等式(取 $\cos \varphi$ 作为 x)得到
$$\sin \cos \varphi < \cos \varphi$$
又因为 $0 \leqslant \sin \varphi \leqslant \varphi \leqslant \dfrac{\pi}{2}$,并且在区间 $\left[0, \dfrac{\pi}{2}\right]$ 上余弦函数 $\cos x$ 单调减少,所以
$$\cos \varphi \leqslant \cos \sin \varphi$$
合起来即得 $\sin \cos \varphi < \cos \sin \varphi$.

注 可以证明:对任意 $\varphi \in \mathbf{R}$ 上述不等式仍成立.

例 21 设 α, β, γ 是任意锐角 $\triangle ABC$ 的三个内角,并且 $\alpha < \beta < \gamma$,那么
$$\sin 2\alpha > \sin 2\beta > \sin 2\gamma$$

证法 1 因为 $\alpha + \beta + \gamma = \pi$ 以及 $\beta - \alpha > 0$,所以
$$\begin{aligned}\sin 2\alpha - \sin 2\beta &= 2\cos(\alpha+\beta)\sin(\alpha-\beta) \\ &= 2\cos(\pi-\gamma)\sin(\alpha-\beta) \\ &= 2\cos \gamma \sin(\beta-\alpha) > 0\end{aligned}$$
因此
$$\sin 2\alpha > \sin 2\beta$$
类似地,由
$$\begin{aligned}\sin 2\beta - \sin 2\gamma &= 2\cos(\beta+\gamma)\sin(\beta-\gamma) \\ &= 2\cos(\pi-\alpha)\sin(\beta-\gamma) \\ &= 2\cos \alpha \sin(\gamma-\beta) > 0\end{aligned}$$
可知 $\sin 2\beta > \sin 2\gamma$.于是 $\sin 2\alpha > \sin 2\beta > \sin 2\gamma$.

证法 2 区分不同情形讨论:

(i) 设 $\alpha > \dfrac{\pi}{4}$.那么 $\dfrac{\pi}{2} < 2\alpha < 2\beta < 2\gamma < \pi$.因为在区

间 $\left(\frac{\pi}{2}, \pi\right)$ 上正弦函数单调减少,所以 $\sin 2\alpha > \sin 2\beta > \sin 2\gamma$.

(ii) 设 $\alpha \leqslant \frac{\pi}{4}$. 首先注意,若 $\alpha + \beta \leqslant \frac{\pi}{2}$,则 $\gamma = \pi - (\alpha + \beta) \geqslant \frac{\pi}{2}$ 不是锐角. 因此总有

$$\alpha + \beta > \frac{\pi}{2}$$

由此(以及 β 是锐角)可知

$$0 < \pi - 2\beta < 2\alpha \leqslant \frac{\pi}{2}$$

注意在区间 $\left(0, \frac{\pi}{2}\right]$ 上正弦函数单调增加,所以

$$\sin 2\alpha > \sin(\pi - 2\beta) = \sin 2\beta$$

又因为 $\alpha < \beta$,所以由 $\alpha + \beta > \frac{\pi}{2}$(以及 $\alpha \leqslant \frac{\pi}{4}$)推出 $\beta > \frac{\pi}{4}$,于是

$$\frac{\pi}{2} < 2\beta < 2\gamma < \pi$$

注意在区间 $\left(\frac{\pi}{2}, \pi\right)$ 上正弦函数单调减少,所以

$$\sin 2\beta > \sin 2\gamma$$

合起来得到 $\sin 2\alpha > \sin 2\gamma$. 于是本题得证.

证法 3 令

$$\alpha_1 = \pi - 2\alpha, \beta_1 = \pi - 2\beta, \gamma_1 = \pi - 2\gamma$$

因为

$$\alpha_1 + \beta_1 + \gamma_1 = 3\pi - 2(\alpha + \beta + \gamma) = 3\pi - 2\pi = \pi$$

所以 $\alpha_1, \beta_1, \gamma_1$ 是某个三角形的三个内角,记此三角形为 $\triangle A_1 B_1 C_1$. 因为 $\alpha < \beta < \gamma$,所以

三角恒等式

$$\alpha_1 > \beta_1 > \gamma_1$$

对 $\triangle A_1B_1C_1$（其三边为 a_1, b_1, c_1）应用正弦定理，有

$$\frac{a_1}{\sin \alpha_1} = \frac{b_1}{\sin \beta_1} = \frac{c_1}{\sin \gamma_1}$$

注意 $\sin \alpha_1, \sin \beta_1, \sin \gamma_1 > 0$，并且由三角形中大角对大边可知 $a_1 > b_1 > c_1$，所以由比例性质得到

$$\sin \alpha_1 > \sin \beta_1 > \sin \gamma_1$$

此即 $\sin 2\alpha > \sin 2\beta > \sin 2\gamma$.

例 22 证明：在锐角 $\triangle ABC$ 中，对于任何正整数 n 有

$$\tan^n A + \tan^n B + \tan^n C \geq 3(\sqrt{3})^n$$

并且当且仅当 $\triangle ABC$ 是正三角形时等式成立.

证明 依据算术—几何平均不等式，对于任何正数 x, y, z 有

$$\frac{x+y+z}{3} \geq \sqrt[3]{xyz}$$

并且当且仅当 $x = y = z$ 时等式成立. 对于三角形的内角 A, B, C，我们得到

$$\tan A + \tan B + \tan C \geq 3\sqrt[3]{\tan A \tan B \tan C}$$

又由第 3 章 §2 公式(3)可知对于三角形的内角 A, B, C，有

$$\tan A \tan B \tan C = \tan A + \tan B + \tan C$$

因此

$$\tan A \tan B \tan C \geq 3\sqrt[3]{\tan A \tan B \tan C}$$

于是

$$\tan A \tan B \tan C \geq 3\sqrt{3}$$

仍然由算术—几何平均不等式，可得

$$\tan^n A + \tan^n B + \tan^n C \geq 3\sqrt[3]{\tan^n A \tan^n B \tan^n C}$$

$$= 3(\tan A \tan B \tan C)^{\frac{n}{3}}$$

由此及前式得到

$$\tan^n A + \tan^n B + \tan^n C \geqslant 3(3\sqrt{3})^{\frac{n}{3}} = 3(\sqrt{3})^n$$

并且当且仅当 $A = B = C = \dfrac{\pi}{3}$ 时等式成立.

例 23 设当 $0 \leqslant y \leqslant x \leqslant \dfrac{\pi}{2}$ 时

$$\tan x = 3 \tan y$$

求函数 $u = x - y$ 的极大值,并求相应的 x, y 的值.

解法 1 若 $\tan y = 0$,则 $\tan x = 0$,因而 $u = x - y = 0$.下面将看到 0 不是 u 在区域 $0 \leqslant y \leqslant x \leqslant \dfrac{\pi}{2}$ 上的极大值.若 $\tan y \neq 0$,则

$$\frac{\tan x}{\tan y} = 3$$

由比例性质得到

$$\frac{\tan x + \tan y}{\tan x - \tan y} = \frac{3+1}{3-1}$$

因此(应用第 2 章 §5 公式(1))

$$\frac{\sin(x+y)}{\sin(x-y)} = 2$$

于是

$$\sin u = \sin(x - y) = \frac{1}{2}\sin(x + y)$$

因为 $0 \leqslant y \leqslant x \leqslant \dfrac{\pi}{2}$,所以当 $x + y = \dfrac{\pi}{2}$ 时 $\sin(x+y)$ 达到极大,因而 $\sin(x-y)$ 取得极大值 $\dfrac{1}{2}$,此时 $x - y = \dfrac{\pi}{6}$. 由 $x + y = \dfrac{\pi}{2}, x - y = \dfrac{\pi}{6}$ 解出 $x = \dfrac{\pi}{3}, y = \dfrac{\pi}{6}$,它们落在区域

三角恒等式

$0 \leqslant y \leqslant x \leqslant \dfrac{\pi}{2}$ 中,因此函数 $u = x - y$ 的极大值等于 $\dfrac{\pi}{6}$.

解法 2 类似于解法 1,我们可设 $\tan y \neq 0$. 由 $0 \leqslant y \leqslant x \leqslant \dfrac{\pi}{2}$ 可知 $u \in \left[0, \dfrac{\pi}{2}\right]$. 我们有

$$\tan u = \tan(x-y) = \frac{\tan x - \tan y}{1 + \tan x \tan y}$$

$$= \frac{3\tan y - \tan y}{1 + 3\tan y \tan y} = \frac{2\tan y}{1 + 3\tan^2 y}$$

$$= \frac{\dfrac{2\tan y}{\tan y}}{\dfrac{1}{\tan y} + 3\tan y} = \frac{2}{\cot y + 3\tan y}.$$

因为 $\cot y > 0$,所以

$$\cot y + 3\tan y \geqslant 2\sqrt{\cot y \cdot 3\tan y} = 2\sqrt{3}$$

并且当且仅当 $\cot y = 3\tan y$ 时等式成立. 于是

$$\tan u \leqslant \frac{2}{2\sqrt{3}} = \frac{1}{\sqrt{3}}$$

并且仅当仅当 $\cot y = 3\tan y$ 时 $\tan u$ 取得极大值 $\dfrac{1}{\sqrt{3}}$. 因为当 $u \in \left[0, \dfrac{\pi}{2}\right]$ 时 $\tan u$ 单调增加,所以 u 有极大值 $\dfrac{\pi}{6}$.

由 $\cot y = 3\tan y$ 及 $0 \leqslant y \leqslant x \leqslant \dfrac{\pi}{2}$ 得到 $\tan^2 y = \dfrac{1}{\sqrt{3}}$.

注意 $0 \leqslant y \leqslant x \leqslant \dfrac{\pi}{2}$,我们解出 $y = \dfrac{\pi}{6}$;进而由

$$\tan x = 3\tan y = \sqrt{3}$$

解出 $x = \dfrac{\pi}{3}$(此时 $u = x - y$ 取得极大值 $\dfrac{\pi}{6}$).

解法 3 (与解法 2 本质上一致). 同解法 1,得到

$$\tan u = \frac{2}{\cot y + 3\tan y}$$

于是

$$\tan^2 u = \frac{4}{(\cot y + 3\tan y)^2} = \frac{4}{\cot^2 y + 9\tan^2 y + 6}$$

$$= \frac{4}{(\cot y - 3\tan y)^2 + 12}$$

当且仅当

$$(\cot y - 3\tan y)^2 = 0$$

时 $\tan^2 u$(从而 $\tan u$)取极大值. 因此由

$$\cot y - 3\tan y = 0$$

解得 $y = \frac{\pi}{3}$,进而由 $\tan x = 3\tan y$ 解得 $x = \frac{\pi}{3}$. 于是 u 的极大值等于 $\frac{\pi}{6}$.

例 24 证明 $\sin 1°$(即 $\sin\left(\frac{180}{\pi}\right)$)是无理数.

证明 设 $\sin 1°$ 是有理数,那么由于

$$\cos 2° = 1 - 2\sin^2 1°, \quad \cos 4° = 2\cos^2 2° - 1$$

$$\cos 8° = 2\cos^2 4° - 1, \quad \cos 16° = 2\cos^2 8° - 1$$

可知上面这些数也是有理数. 因为

$$\cos 30° = \cos(32° - 2°)$$

$$= \cos 32°\cos 2° + \sin 32°\sin 2°$$

$$= 2(\cos^2 16° - 1)\cos 2° +$$

$$\quad 16\cos 16°\cos 8°\cos 4°\cos 2°\sin^2 2°$$

$$= (2\cos^2 16° - 1)\cos 2° +$$

$$\quad 16\cos 16°\cos 8°\cos 4°\cos 2°(1 - \cos^2 2°)$$

因而 $\cos 30°$ 也是有理数. 但 $\cos 30° = \frac{\sqrt{3}}{2}$,于是得到矛盾,所以 $\sin 1°$ 是无理数.

三角恒等式

例 25　设 $m=3$ 或是 $m>4$ 的整数,则 $\tan\dfrac{\pi}{m}$ 是无理数.

证明　当 $m=3$ 时结论显然成立. 对于一般情形, 首先设 m 是奇数. 记 $t=\tan\alpha$. 由棣莫弗公式

$$\cos m\alpha + i\sin m\alpha = (\cos\alpha + i\sin\alpha)^m$$

(此处 $i=\sqrt{-1}$) 可得

$$\tan m\alpha = \dfrac{\binom{m}{1}t - \binom{m}{3}t^3 + \binom{m}{5}t^5 - \cdots}{1 - \binom{m}{2}t^2 + \binom{m}{4}t^4 - \cdots}$$

其中分子和分母都是 t 的多项式. 我们用数学归纳法证明: 当 m 为奇数时它可以写成

$$\tan m\alpha = \dfrac{\pm t^m + P_m(t)}{1 + Q_m(t)} \qquad (1)$$

其中 $P_m(t), Q_m(t)$ 是 t 的次数 $<m$ 的整系数多项式 (也可能为零多项式), 而且 $Q_m(t)$ 的常数项为零.

事实上, 当 $m=1$ 时, $\tan\alpha = t$, $P_1(t) = Q_1(t) = 0$. 设当 $m=k\geqslant 1$ (k 为奇数) 时上述结论成立, 那么

$$\tan(k+2)\alpha = \dfrac{\tan k\alpha + \tan 2\alpha}{1 - \tan k\alpha \tan 2\alpha}$$

$$= \dfrac{(\pm t^k + P_k(t))/(1+Q_k(t)) + 2t(1-t^2)}{1 - 2t(\pm t^k + P_m(t))/(1-t^2)(1+Q_k(t))}$$

它可化简为

$$\dfrac{\mp t^{k+2} \pm t^k + (1-t^2)P_k(t) + 2t(1+Q_k(t))}{1 + Q_k(t) - t(t(1+Q_k(t)) + 2(\pm t^k + P_k(t)))}$$

由此易知上述结论对 $m=k+2$ 也成立.

现在令 $\alpha = \dfrac{\pi}{m}$, 那么 $\tan m\alpha = \tan\pi = 0$, 这表明 $t=$

$\tan\dfrac{\pi}{m}$ 是式(1)的分子中的多项式的根. 这个多项式具有下列形式

$$P(t)=\pm t^m+c_{m-1}t^{m-1}+\cdots+c_0=0$$

因此它的有理数 $t=\dfrac{a}{b}$（其中 a,b 是互素整数）满足

$$\pm\left(\dfrac{a}{b}\right)^m+c_{m-1}\left(\dfrac{a}{b}\right)^{m-1}+\cdots+c_0=0$$

于是

$$\pm a^m+c_{m-1}a^{m-1}b+\cdots=-c_0 b^m$$

这表明 b 应整除 a. 但 a,b 是互素整数，所以 $b=\pm 1$. 由此可知 $P(t)$ 的根只能是整数或无理数. 由 $1<\tan\dfrac{\pi}{3}=\sqrt{3}<2$，及当 $m>4$ 时 $0<\tan\alpha<\tan\dfrac{\pi}{4}=1$，可知 $\tan\dfrac{\pi}{m}$ 不是整数，因而它是无理数.

现在设 $m=2^k n$ 是偶数（其中 $k\geqslant 1,n$ 是奇数），而 $\tan\dfrac{\pi}{m}$ 是有理数. 如果 $n>1$，那么由倍角公式

$$\tan 2\alpha=\dfrac{2\tan\alpha}{1-\tan^2\alpha}$$

可知 $\tan\left(\dfrac{\dfrac{\pi}{m}}{2}\right)=\tan\left(2\cdot\dfrac{\pi}{m}\right)$ 也是有理数，重复这个过程 k 次，可知 $\tan\dfrac{\pi}{n}$ 也是有理数. 注意 $n>1$ 为奇数，这与上面所证结论矛盾. 如果 $n=1$，那么由 $m>4$ 得到 $k\geqslant 3$，类似地重复上述过程 $k-3$ 次，可推出 $\tan\dfrac{\pi}{8}$ 是有理数. 但 $\tan\dfrac{\pi}{8}=\sqrt{2}-1$，我们也得到矛盾. 于是完成证明.

例 26 对于每个奇数 $n \geq 3$,实数
$$\theta_n = \frac{1}{\pi}\arccos\frac{1}{\sqrt{n}}$$
是无理数.

证 记 $\varphi_n = \arccos\frac{1}{\sqrt{n}}$,于是 $0 \leq \varphi_n \leq \pi$,$\cos\varphi_n = \frac{1}{\sqrt{n}}$.
由公式
$$\cos\alpha + \cos\beta = 2\cos\frac{\alpha+\beta}{2}\cos\frac{\alpha-\beta}{2}$$
可得
$$\cos(k+1)\varphi = 2\cos\varphi\cos k\varphi - \cos(k-1)\varphi \quad (2)$$
我们来证明:对于奇整数 $n \geq 3$ 有
$$\cos k\varphi_n = \frac{A_k}{(\sqrt{n})^k} \quad (3)$$
其中 $k \geq 0$ 是整数,A_k 是一个不被 n 整除的整数.当 $k=0,1$ 时,显然 $A_0 = A_1 = 1$.若式(3)对某个 $k \geq 1$ 成立,那么由式(2)得
$$\cos(k+1)\varphi_n = 2 \cdot \frac{1}{\sqrt{n}} \cdot \frac{A_k}{(\sqrt{n})^k} - \frac{A_{k-1}}{(\sqrt{n})^{k-1}}$$
$$= \frac{2A_k - nA_{k-1}}{(\sqrt{n})^{k+1}}$$
因而 $A_{k+1} = 2A_k - nA_{k-1}$ 是一个不被(大于3的奇整数)n 整除的整数.于是式(3)得证.

现在设 $\theta_n = \frac{\varphi_n}{\pi} = \frac{p}{q}$,其中 p,q 是正整数,那么 $q\varphi_n = p\pi$,从而
$$\pm 1 = \cos p\pi = \cos q\varphi_n = \frac{A_q}{(\sqrt{n})^q}$$
由此推出 $(\sqrt{n})^q = \pm A_q$ 是一个整数,并且 $q \geq 2$,特别

第9章 增补杂例

可知 $n|(\sqrt{n})^q$,亦即 $n|A_q$,故得矛盾. 于是 θ_n 是无理数.

注 易知 $\theta_1=\dfrac{1}{2}$,$\theta_2=\dfrac{1}{4}$,$\theta_4=\dfrac{1}{3}$,可以证明,仅当 $n\in\{1,2,4\}$,θ_n 是有理数. 另外,θ_n 的无理性等价于说:对于每个奇整数 $n\geqslant 3$,若在单位圆上从某个点开始连续截取长度为 $\pi\theta_n$ 的弧,那么将永远不会回到起点. 另外,本例当 $n=3$ 和 $n=9$ 的情形被应用于 Hilbert 第三问题(关于多面体的剖分)的解中.

例 27 求无理方程

$$x+\dfrac{x}{\sqrt{x^2-1}}=\dfrac{35}{12}$$

的实根.

解 由方程本身可知 $|x|>1$ 并且 $x>0$. 因此可令 $x=\sec\varphi$,那么 $\sqrt{x^2-1}=\tan\varphi$. 原方程化为

$$\sec\varphi+\dfrac{\sec\varphi}{\tan\varphi}=\dfrac{35}{12}$$

也就是

$$\dfrac{\sin\varphi+\cos\varphi}{\sin\varphi\cos\varphi}=\dfrac{35}{12}$$

两边平方得到

$$\dfrac{4(1+\sin 2\varphi)}{\sin^2 2\varphi}=\dfrac{1\,225}{144}$$

去分母,化简,最终得到

$$1\,225\sin^2 2\varphi-570\sin 2\varphi-576=0$$

由此解得 $\sin 2\varphi=\dfrac{24}{25}$,从而

$$\cos 2\varphi=\pm\dfrac{7}{25}$$

于是

三角恒等式

$$\cos\varphi = \sqrt{\dfrac{1\pm\dfrac{7}{25}}{2}}$$

（我们必须取算术平方根，因为不然 $x<0$），即得

$$\cos\varphi = \dfrac{4}{5} \text{ 或 } \dfrac{3}{5}$$

从而 $\sec\varphi = \dfrac{5}{4}$ 或 $\dfrac{5}{3}$，因此 $x_1 = \dfrac{5}{4}, x_2 = \dfrac{5}{3}$（检验后知它们确实满足原方程）.

注 若不应用三角代换，而用纯代数方法解本题，则产生高次代数方程（读者可自行完成此种解法）.

例 28 某时刻，如图 1，水面上一艘划船位于点 S，离（直线）岸的最近距离是 $SP=5$ km，与岸边另一点 Q 的距离 $SQ=5$ km. 划船人想在 P,Q 之间某点 A 登岸，然后步行到 Q. 设船由 S 沿直线驶向点 A，速度为 4 km/h，人步行速度为 6 km/h. 试确定点 A 的位置，使得由 S 到达 Q 所用时间最短.

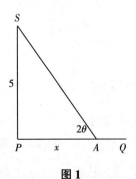

图 1

解法 1 （代数算法）显然 $SP \perp PQ$. 设 $PA = x$. 那么用于行程 $S \to A \to Q$ 上的时间

于是

$$t - \frac{5}{6} = -\frac{x}{6} + \frac{\sqrt{5^2+x^2}}{4}$$

去分母得到

$$12t - 10 = -2x + 3\sqrt{5^2+x^2}$$

令 $12t-10=k$. 由上式可得

$$k + 2x = 3\sqrt{5^2+x^2}$$

由此解出

$$x = \frac{2k \pm \sqrt{k^2-125}}{5}$$

当且仅当 k 取极小值时 t 取极小值. 由于 x 为实数,所以 $k^2-125 \geq 0$,从而 k 有极小值 $5\sqrt{5}$,于是

$$x = \frac{2k}{5} = 2\sqrt{5}$$

即点 A 与点 P 相距 $2\sqrt{5}$ km.

解法 2 （三角解法）显然 $SP \perp PQ$. 设 $\angle SAP = 2\theta$. 那么用在行程 $S \to A \to Q$ 的时间

$$t = \frac{5}{4\sin 2\theta} + \frac{5 - 5\cot\theta}{6}$$

于是

$$12t\sin 2\theta = 15 + 10\sin 2\theta - 10\cos 2\theta$$

用万能代换公式（见第 3 章 §3）将它化为

$$25\tan^2\theta + (20 - 24t)\tan\theta + 5 = 0$$

由此解出

$$\tan\theta = \frac{12t - 10 \pm \sqrt{(12t-10)^2 - 125}}{25}$$

三角恒等式

因为 $\tan\theta$ 是实数,所以
$$(12t-10)^2-125 \geqslant 0$$
于是
$$t \geqslant \frac{5\sqrt{5}+10}{12}$$

由此可知 t 的极小值等于 $\frac{5\sqrt{5}+10}{12}$,而与之对应的 θ 值 θ_0 的正切
$$\tan\theta_0 = \frac{12 \cdot \frac{5\sqrt{5}+10}{12}-10}{25} = \frac{\sqrt{5}}{5}$$

从而
$$AP = 5\cot 2\theta_0 = \frac{5}{\tan 2\theta_0} = \frac{5(1-\tan^2\theta_0)}{2\tan\theta_0} = 2\sqrt{5}$$

即点 A 到点 P 相距 $2\sqrt{5}$ km.

例 29 设 $|x|\leqslant 1, |y|\leqslant 1$,求满足
$$\sin(\pi x^2) - \sin(\pi y^2) = \cos(\pi x^2) + \cos(\pi y^2)$$
的点 (x,y).

解 将题中等式两边化为乘积形式
$$2\cos\frac{\pi(x^2+y^2)}{2}\sin\frac{\pi(x^2-y^2)}{2}$$
$$= 2\cos\frac{\pi(x^2+y^2)}{2}\cos\frac{\pi(x^2-y^2)}{2}$$

因此,或者
$$\cos\frac{\pi(x^2+y^2)}{2} = 0 \tag{4}$$

或者
$$\sin\frac{\pi(x^2-y^2)}{2} = \cos\frac{\pi(x^2-y^2)}{2} \tag{5}$$

若式(4)成立,则

$$\frac{\pi(x^2+y^2)}{2}=n\pi+\frac{\pi}{2} \ (n\in \mathbf{Z}) \qquad (6)$$

因为 $|x|\leqslant 1, |y|\leqslant 1$，所以 $0\leqslant x^2\leqslant 1, 0\leqslant y^2\leqslant 1$，于是 $0\leqslant x^2+y^2\leqslant 2$，从而由式(6)推出 $0\leqslant 2n+1\leqslant 2$，或 $-\frac{1}{2}\leqslant n\leqslant \frac{1}{2}$。注意 n 是整数，所以 $n=0$。于是由式(4)得到

$$x^2+y^2=1 \qquad (7)$$

若式(5)成立，则它等价于

$$\tan\frac{\pi(x^2-y^2)}{2}=1$$

于是

$$x^2-y^2=2m+\frac{1}{2} \ (m\in \mathbf{Z})$$

注意 $-1\leqslant x^2-y^2\leqslant 1$，我们有 $-1\leqslant 2m+\frac{1}{2}\leqslant 1$，从而 $m=0$。于是由式(5)得到

$$x^2-y^2=\frac{1}{2}$$

合起来可知点 (x,y) 组成圆周(7)及双曲线(8).

例30 如图 2，$\text{Rt}\triangle ABC$ 中，直角三角形的 n 等分线交斜边 AB 于 $P_1, P_2, \cdots, P_{n-1}$，证明

$$\frac{1}{CP_1}+\frac{1}{CP_2}+\cdots+\frac{1}{CP_{n-1}}=\frac{a+b}{2ab}\left(\cot\frac{\pi}{4n}-1\right)$$

其中 $CB=a, CA=b$。

证明 取 C 为原点，直线 CB, CA 分别为 X 轴和 Y 轴，并记 $\angle BCP_1=\alpha$，于是 $\alpha=\frac{\pi}{2n}$。我们还按通常方式建立极坐标系 (r,θ)。边 AB 所在直线的截距式方程是 $\frac{x}{a}+\frac{y}{b}=1$，因而极坐标方程是

三角恒等式

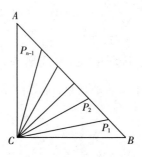

图 2

$$r\left(\frac{\sin\theta}{a}+\frac{\cos\theta}{b}\right)=1$$

点 P_1 的极坐标是 (α, r_1)，其中 $r_1=|CP_1|$，因此

$$\frac{1}{|CP_1|}=\frac{\sin\alpha}{a}+\frac{\cos\alpha}{b}$$

类似地

$$\frac{1}{|CP_2|}=\frac{\sin 2\alpha}{a}+\frac{\cos 2\alpha}{b}$$

$$\vdots$$

$$\frac{1}{|CP_{n-1}|}=\frac{\sin(n-1)\alpha}{a}+\frac{\cos(n-1)\alpha}{b}$$

于是

$$\sum=\frac{1}{|CP_1|}+\frac{1}{|CP_2|}+\cdots+\frac{1}{|CP_{n-1}|}$$
$$=\frac{S_n}{a}+\frac{C_n}{b}$$

其中

$$S_n=\sin\alpha+\sin 2\alpha+\cdots+\sin(n-1)\alpha$$
$$=\frac{\sin\frac{(n-1)\alpha}{2}\sin\frac{n\alpha}{2}}{\sin\frac{\alpha}{2}}$$

$$C_n = \cos\alpha + \cos 2\alpha + \cdots + \cos(n-1)\alpha$$
$$= \frac{\sin\dfrac{(n-1)\alpha}{2}\cos\dfrac{n\alpha}{2}}{\sin\dfrac{\alpha}{2}}$$

(应用第 4 章 §1 例 2 及练习题 47),从而

$$\Sigma = \frac{\sin\dfrac{(n-1)\alpha}{2}}{\sin\dfrac{\alpha}{2}}\left(\frac{\sin\dfrac{n\alpha}{2}}{a} + \frac{\cos\dfrac{n\alpha}{2}}{b}\right)$$

将 $\alpha = \dfrac{\pi}{2n}$ 代入,则

$$\sin\frac{n\alpha}{2} = \cos\frac{n\alpha}{2} = \frac{\sqrt{2}}{2}$$

$$\frac{\sin\dfrac{(n-1)\alpha}{2}}{\sin\dfrac{\alpha}{2}} = \frac{\sin\dfrac{(n-1)\pi}{4n}}{\sin\dfrac{\pi}{4n}}$$

$$= \frac{1}{\sin\dfrac{\pi}{4n}}\sin\left(\frac{\pi}{4} - \frac{\pi}{4n}\right)$$

$$= \frac{1}{\sin\dfrac{\pi}{4n}}\left(\sin\frac{\pi}{4}\cos\frac{\pi}{4n} - \cos\frac{\pi}{4}\sin\frac{\pi}{4n}\right)$$

$$= \frac{\sqrt{2}}{2}\left(\cot\frac{\pi}{4n} - 1\right)$$

于是

$$\Sigma = \frac{1}{2}\left(\frac{1}{a} + \frac{1}{b}\right)\left(\cot\frac{\pi}{4n} - 1\right) = \frac{a+b}{2ab}\left(\cot\frac{\pi}{4n} - 1\right)$$

(恢复平常的记号,$|CP_i|$ 改记为 CP_i).

再版后记

这本小册子初版于20世纪80年代初期,主要依据当时的中学教学教材为标准进行选材.现代中学数学教材按照新的精神对平面三角学的内容做了精简.当然,不能将被精简了的内容理解为"被淘汰了的"知识,更不希望它们成为"被忘却了的"知识.事实上,反三角函数及三角方程等,无论在初等数学中还是在高等数学中,都是有一定用途的初等数学工具;在需要应用它们时,还得进行适当的"补课".对于学有余力而又对数学感兴趣的中学生,这些不包含在正式教材中的材料,无疑可以作为数学课外读物的主题.正是出于这种考虑,将此小册子再版,供中学生读者参考.再版本改正了一些印刷错误,并增添了新的一章(第9章),涉及三角恒等变形技术和应用,以使小册子内容更趋完整.

朱尧辰
2014 年 5 月于北京

哈尔滨工业大学出版社刘培杰数学工作室
已出版(即将出版)图书目录

书　名	出版时间	定　价	编号
新编中学数学解题方法全书(高中版)上卷	2007—09	38.00	7
新编中学数学解题方法全书(高中版)中卷	2007—09	48.00	8
新编中学数学解题方法全书(高中版)下卷(一)	2007—09	42.00	17
新编中学数学解题方法全书(高中版)下卷(二)	2007—09	38.00	18
新编中学数学解题方法全书(高中版)下卷(三)	2010—06	58.00	73
新编中学数学解题方法全书(初中版)上卷	2008—01	28.00	29
新编中学数学解题方法全书(初中版)中卷	2010—07	38.00	75
新编中学数学解题方法全书(高考复习卷)	2010—01	48.00	67
新编中学数学解题方法全书(高考真题卷)	2010—01	38.00	62
新编中学数学解题方法全书(高考精华卷)	2011—03	68.00	118
新编平面解析几何解题方法全书(专题讲座卷)	2010—01	18.00	61
新编中学数学解题方法全书(自主招生卷)	2013—08	88.00	261
数学眼光透视	2008—01	38.00	24
数学思想领悟	2008—01	38.00	25
数学应用展观	2008—01	38.00	26
数学建模导引	2008—01	28.00	23
数学方法溯源	2008—01	38.00	27
数学史话览胜	2008—01	28.00	28
数学思维技术	2013—09	38.00	260
从毕达哥拉斯到怀尔斯	2007—10	48.00	9
从迪利克雷到维斯卡尔迪	2008—01	48.00	21
从哥德巴赫到陈景润	2008—05	98.00	35
从庞加莱到佩雷尔曼	2011—08	138.00	136
数学解题中的物理方法	2011—06	28.00	114
数学解题的特殊方法	2011—06	48.00	115
中学数学计算技巧	2012—01	48.00	116
中学数学证明方法	2012—01	58.00	117
数学趣题巧解	2012—03	28.00	128
三角形中的角格点问题	2013—01	88.00	207
含参数的方程和不等式	2012—09	28.00	213

Ⅰ

哈尔滨工业大学出版社刘培杰数学工作室
已出版(即将出版)图书目录

书　名	出版时间	定　价	编号
数学奥林匹克与数学文化(第一辑)	2006—05	48.00	4
数学奥林匹克与数学文化(第二辑)(竞赛卷)	2008—01	48.00	19
数学奥林匹克与数学文化(第二辑)(文化卷)	2008—07	58.00	36'
数学奥林匹克与数学文化(第三辑)(竞赛卷)	2010—01	48.00	59
数学奥林匹克与数学文化(第四辑)(竞赛卷)	2011—08	58.00	87
数学奥林匹克与数学文化(第五辑)	2014—09		370
发展空间想象力	2010—01	38.00	57
走向国际数学奥林匹克的平面几何试题诠释(上、下)(第1版)	2007—01	68.00	11,12
走向国际数学奥林匹克的平面几何试题诠释(上、下)(第2版)	2010—02	98.00	63,64
平面几何证明方法全书	2007—08	35.00	1
平面几何证明方法全书习题解答(第1版)	2005—10	18.00	2
平面几何证明方法全书习题解答(第2版)	2006—12	18.00	10
平面几何天天练上卷·基础篇(直线型)	2013—01	58.00	208
平面几何天天练中卷·基础篇(涉及圆)	2013—01	28.00	234
平面几何天天练下卷·提高篇	2013—01	58.00	237
平面几何专题研究	2013—07	98.00	258
最新世界各国数学奥林匹克中的平面几何试题	2007—09	38.00	14
数学竞赛平面几何典型题及新颖解	2010—07	48.00	74
初等数学复习及研究(平面几何)	2008—09	58.00	38
初等数学复习及研究(立体几何)	2010—06	38.00	71
初等数学复习及研究(平面几何)习题解答	2009—01	48.00	42
世界著名平面几何经典著作钩沉——几何作图专题卷(上)	2009—06	48.00	49
世界著名平面几何经典著作钩沉——几何作图专题卷(下)	2011—01	88.00	80
世界著名平面几何经典著作钩沉(民国平面几何老课本)	2011—03	38.00	113
世界著名解析几何经典著作钩沉——平面解析几何卷	2014—01	38.00	273
世界著名数论经典著作钩沉(算术卷)	2012—01	28.00	125
世界著名数学经典著作钩沉——立体几何卷	2011—02	28.00	88
世界著名三角学经典著作钩沉(平面三角卷Ⅰ)	2010—06	28.00	69
世界著名三角学经典著作钩沉(平面三角卷Ⅱ)	2011—01	38.00	78
世界著名初等数论经典著作钩沉(理论和实用算术卷)	2011—07	38.00	126
几何学教程(平面几何卷)	2011—03	68.00	90
几何学教程(立体几何卷)	2011—07	68.00	130
几何变换与几何证题	2010—06	88.00	70
计算方法与几何证题	2011—06	28.00	129
立体几何技巧与方法	2014—04	88.00	293
几何瑰宝——平面几何500名题暨1000条定理(上、下)	2010—07	138.00	76,77
三角形的解法与应用	2012—07	18.00	183
近代的三角形几何学	2012—07	48.00	184
一般折线几何学	即将出版	58.00	203
三角形的五心	2009—06	28.00	51
三角形趣谈	2012—08	28.00	212
解三角形	2014—01	28.00	265
三角学专门教程	2014—09	28.00	387
距离几何分析导引	2015—02	68.00	446

哈尔滨工业大学出版社刘培杰数学工作室
已出版(即将出版)图书目录

书 名	出版时间	定 价	编号
圆锥曲线习题集(上册)	2013—06	68.00	255
圆锥曲线习题集(中册)	2015—01	78.00	434
圆锥曲线习题集(下册)	即将出版		
俄罗斯平面几何问题集	2009—08	88.00	55
俄罗斯立体几何问题集	2014—03	58.00	283
俄罗斯几何大师——沙雷金论数学及其他	2014—01	48.00	271
来自俄罗斯的5000道几何习题及解答	2011—03	58.00	89
俄罗斯初等数学问题集	2012—05	38.00	177
俄罗斯函数问题集	2011—03	38.00	103
俄罗斯组合分析问题集	2011—01	48.00	79
俄罗斯初等数学万题选——三角卷	2012—11	38.00	222
俄罗斯初等数学万题选——代数卷	2013—08	68.00	225
俄罗斯初等数学万题选——几何卷	2014—01	68.00	226
463个俄罗斯几何老问题	2012—01	28.00	152
近代欧氏几何学	2012—03	48.00	162
罗巴切夫斯基几何学及几何基础概要	2012—07	28.00	188
超越吉米多维奇——数列的极限	2009—11	48.00	58
超越普里瓦洛夫——留数卷	2015—01	28.00	437
Barban Davenport Halberstam 均值和	2009—01	40.00	33
初等数论难题集(第一卷)	2009—05	68.00	44
初等数论难题集(第二卷)(上、下)	2011—02	128.00	82,83
谈谈素数	2011—03	18.00	91
平方和	2011—03	18.00	92
数论概貌	2011—03	18.00	93
代数数论(第二版)	2013—08	58.00	94
代数多项式	2014—06	38.00	289
初等数论的知识与问题	2011—02	28.00	95
超越数论基础	2011—03	28.00	96
数论初等教程	2011—03	28.00	97
数论基础	2011—03	18.00	98
数论基础与维诺格拉多夫	2014—03	18.00	292
解析数论基础	2012—08	28.00	216
解析数论基础(第二版)	2014—01	48.00	287
解析数论问题集(第二版)	2014—05	88.00	343
解析几何研究	2015—01	38.00	425
初等几何研究	2015—02	58.00	444
数论入门	2011—03	38.00	99
代数数论入门	2015—03	38.00	448
数论开篇	2012—07	28.00	194
解析数论引论	2011—03	48.00	100
复变函数引论	2013—10	68.00	269

Ⅲ

哈尔滨工业大学出版社刘培杰数学工作室
已出版（即将出版）图书目录

书　名	出版时间	定　价	编号
无穷分析引论(上)	2013—04	88.00	247
无穷分析引论(下)	2013—04	98.00	245
数学分析	2014—04	28.00	338
数学分析中的一个新方法及其应用	2013—01	38.00	231
数学分析例选：通过范例学技巧	2013—01	88.00	243
三角级数论(上册)(陈建功)	2013—01	38.00	232
三角级数论(下册)(陈建功)	2013—01	48.00	233
三角级数论(哈代)	2013—06	48.00	254
基础数论	2011—03	28.00	101
超越数	2011—03	18.00	109
三角和方法	2011—03	18.00	112
谈谈不定方程	2011—05	28.00	119
整数论	2011—05	38.00	120
随机过程(Ⅰ)	2014—01	78.00	224
随机过程(Ⅱ)	2014—01	68.00	235
整数的性质	2012—11	38.00	192
初等数论 100 例	2011—05	18.00	122
初等数论经典例题	2012—07	18.00	204
最新世界各国数学奥林匹克中的初等数论试题(上、下)	2012—01	138.00	144,145
算术探索	2011—12	158.00	148
初等数论(Ⅰ)	2012—01	18.00	156
初等数论(Ⅱ)	2012—01	18.00	157
初等数论(Ⅲ)	2012—01	28.00	158
组合数学	2012—04	28.00	178
组合数学浅谈	2012—03	28.00	159
同余理论	2012—05	38.00	163
丢番图方程引论	2012—03	48.00	172
平面几何与数论中未解决的新老问题	2013—01	68.00	229
法雷级数	2014—08	18.00	367
代数数论简史	2014—11	28.00	408
摆线族	2015—01	38.00	438
拉普拉斯变换及其应用	2015—02	38.00	447
历届美国中学生数学竞赛试题及解答(第一卷)1950—1954	2014—07	18.00	277
历届美国中学生数学竞赛试题及解答(第二卷)1955—1959	2014—04	18.00	278
历届美国中学生数学竞赛试题及解答(第三卷)1960—1964	2014—06	18.00	279
历届美国中学生数学竞赛试题及解答(第四卷)1965—1969	2014—04	28.00	280
历届美国中学生数学竞赛试题及解答(第五卷)1970—1972	2014—06	18.00	281
历届美国中学生数学竞赛试题及解答(第七卷)1981—1986	2015—01	18.00	424

哈尔滨工业大学出版社刘培杰数学工作室 已出版(即将出版)图书目录

书　名	出版时间	定　价	编号
历届IMO试题集(1959—2005)	2006—05	58.00	5
历届CMO试题集	2008—09	28.00	40
历届中国数学奥林匹克试题集	2014—10	38.00	394
历届加拿大数学奥林匹克试题集	2012—08	38.00	215
历届美国数学奥林匹克试题集:多解推广加强	2012—08	38.00	209
保加利亚数学奥林匹克	2014—10	38.00	393
圣彼得堡数学奥林匹克试题集	2015—01	48.00	429
历届国际大学生数学竞赛试题集(1994—2010)	2012—01	28.00	143
全国大学生数学夏令营数学竞赛试题及解答	2007—03	28.00	15
全国大学生数学竞赛辅导教程	2012—07	28.00	189
全国大学生数学竞赛复习全书	2014—04	48.00	340
历届美国大学生数学竞赛试题集	2009—03	88.00	43
前苏联大学生数学奥林匹克竞赛题解(上编)	2012—04	28.00	169
前苏联大学生数学奥林匹克竞赛题解(下编)	2012—04	38.00	170
历届美国数学邀请赛试题集	2014—01	48.00	270
全国高中数学竞赛试题及解答.第1卷	2014—07	38.00	331
大学生数学竞赛讲义	2014—09	28.00	371
高考数学临门一脚(含密押三套卷)(理科版)	2015—01	24.80	421
高考数学临门一脚(含密押三套卷)(文科版)	2015—01	24.80	422
整函数	2012—08	18.00	161
多项式和无理数	2008—01	68.00	22
模糊数据统计学	2008—03	48.00	31
模糊分析学与特殊泛函空间	2013—01	68.00	241
受控理论与解析不等式	2012—05	78.00	165
解析不等式新论	2009—06	68.00	48
反问题的计算方法及应用	2011—11	28.00	147
建立不等式的方法	2011—03	98.00	104
数学奥林匹克不等式研究	2009—08	68.00	56
不等式研究(第二辑)	2012—02	68.00	153
初等数学研究(Ⅰ)	2008—09	68.00	37
初等数学研究(Ⅱ)(上、下)	2009—05	118.00	46,47
中国初等数学研究　2009卷(第1辑)	2009—05	20.00	45
中国初等数学研究　2010卷(第2辑)	2010—05	30.00	68
中国初等数学研究　2011卷(第3辑)	2011—07	60.00	127
中国初等数学研究　2012卷(第4辑)	2012—07	48.00	190
中国初等数学研究　2014卷(第5辑)	2014—02	48.00	288
数阵及其应用	2012—02	28.00	164
绝对值方程—折边与组合图形的解析研究	2012—07	48.00	186
不等式的秘密(第一卷)	2012—02	28.00	154
不等式的秘密(第一卷)(第2版)	2014—02	38.00	286
不等式的秘密(第二卷)	2014—01	38.00	268

哈尔滨工业大学出版社刘培杰数学工作室
已出版(即将出版)图书目录

书　名	出版时间	定　价	编号
初等不等式的证明方法	2010—06	38.00	123
初等不等式的证明方法(第二版)	2014—11	38.00	407
数学奥林匹克在中国	2014—06	98.00	344
数学奥林匹克问题集	2014—01	38.00	267
数学奥林匹克不等式散论	2010—06	38.00	124
数学奥林匹克不等式欣赏	2011—09	38.00	138
数学奥林匹克超级题库(初中卷上)	2010—01	58.00	66
数学奥林匹克不等式证明方法和技巧(上、下)	2011—08	158.00	134,135
近代拓扑学研究	2013—04	38.00	239
新编640个世界著名数学智力趣题	2014—01	88.00	242
500个最新世界著名数学智力趣题	2008—06	48.00	3
400个最新世界著名数学最值问题	2008—09	48.00	36
500个世界著名数学征解问题	2009—06	48.00	52
400个中国最佳初等数学征解老问题	2010—01	48.00	60
500个俄罗斯数学经典老题	2011—01	28.00	81
1000个国外中学物理好题	2012—04	48.00	174
300个日本高考数学题	2012—05	38.00	142
500个前苏联早期高考数学试题及解答	2012—05	28.00	185
546个早期俄罗斯大学生数学竞赛题	2014—03	38.00	285
548个来自美苏的数学好问题	2014—11	28.00	396
博弈论精粹	2008—03	58.00	30
数学 我爱你	2008—01	28.00	20
精神的圣徒　别样的人生——60位中国数学家成长的历程	2008—09	48.00	39
数学史概论	2009—06	78.00	50
数学史概论(精装)	2013—03	158.00	272
斐波那契数列	2010—02	28.00	65
数学拼盘和斐波那契魔方	2010—07	38.00	72
斐波那契数列欣赏	2011—01	28.00	160
数学的创造	2011—02	48.00	85
数学中的美	2011—02	38.00	84
数论中的美学	2014—12	38.00	351
王连笑教你怎样学数学:高考选择题解题策略与客观题实用训练	2014—01	48.00	262
王连笑教你怎样学数学:高考数学高层次讲座	2015—02	48.00	432
最新全国及各省市高考数学试卷解法研究及点拨评析	2009—02	38.00	41
高考数学的理论与实践	2009—08	38.00	53
中考数学专题总复习	2007—04	28.00	6
向量法巧解数学高考题	2009—08	28.00	54
高考数学核心题型解题方法与技巧	2010—01	28.00	86
高考思维新平台	2014—03	38.00	259
数学解题——靠数学思想给力(上)	2011—07	38.00	131
数学解题——靠数学思想给力(中)	2011—07	48.00	132
数学解题——靠数学思想给力(下)	2011—07	38.00	133
我怎样解题	2013—01	48.00	227

哈尔滨工业大学出版社刘培杰数学工作室已出版(即将出版)图书目录

书　名	出版时间	定　价	编号
和高中生漫谈:数学与哲学的故事	2014—08	28.00	369
2011年全国及各省市高考数学试题审题要津与解法研究	2011—10	48.00	139
2013年全国及各省市高考数学试题解析与点评	2014—01	48.00	282
新课标高考数学——五年试题分章详解(2007～2011)(上、下)	2011—10	78.00	140,141
30分钟拿下高考数学选择题、填空题(第二版)	2012—01	28.00	146
全国中考数学压轴题审题要津与解法研究	2013—04	78.00	248
新编全国及各省市中考数学压轴题审题要津与解法研究	2014—05	58.00	342
高考数学压轴题解题诀窍(上)	2012—02	78.00	166
高考数学压轴题解题诀窍(下)	2012—03	28.00	167
自主招生考试中的参数方程问题	2015—01	28.00	435
近年全国重点大学自主招生数学试题全解及研究.华约卷	2015—02	38.00	441
近年全国重点大学自主招生数学试题全解及研究.北约卷	即将出版		
格点和面积	2012—07	18.00	191
射影几何趣谈	2012—04	28.00	175
斯潘纳尔引理——从一道加拿大数学奥林匹克试题谈起	2014—01	28.00	228
李普希兹条件——从几道近年高考数学试题谈起	2012—10	18.00	221
拉格朗日中值定理——从一道北京高考试题的解法谈起	2012—10	18.00	197
闵科夫斯基定理——从一道清华大学自主招生试题谈起	2014—01	28.00	198
哈尔测度——从一道冬令营试题的背景谈起	2012—08	28.00	202
切比雪夫逼近问题——从一道中国台北数学奥林匹克试题谈起	2013—04	38.00	238
伯恩斯坦多项式与贝齐尔曲面——从一道全国高中数学联赛试题谈起	2013—03	38.00	236
卡塔兰猜想——从一道普特南竞赛试题谈起	2013—06	18.00	256
麦卡锡函数和阿克曼函数——从一道前南斯拉夫数学奥林匹克试题谈起	2012—08	18.00	201
贝蒂定理与拉姆贝克斯尔定理——从一个拣石子游戏谈起	2012—08	18.00	217
皮亚诺曲线和豪斯道夫分球定理——从无限集谈起	2012—08	18.00	211
平面凸图形与凸多面体	2012—10	28.00	218
斯坦因豪斯问题——从一道二十五省市自治区中学数学竞赛试题谈起	2012—07	18.00	196
纽结理论中的亚历山大多项式与琼斯多项式——从一道北京市高一数学竞赛试题谈起	2012—07	18.00	195
原则与策略——从波利亚"解题表"谈起	2013—04	38.00	244
转化与化归——从三大尺规作图不能问题谈起	2012—08	28.00	214
代数几何中的贝祖定理(第一版)——从一道IMO试题的解法谈起	2013—08	18.00	193
成功连贯理论与约当块理论——从一道比利时数学竞赛试题谈起	2012—04	18.00	180
磨光变换与范·德·瓦尔登猜想——从一道环球城市竞赛试题谈起	即将出版		
素数判定与大数分解	2014—08	18.00	199
置换多项式及其应用	2012—10	18.00	220
椭圆函数与模函数——从一道美国加州大学洛杉矶分校(UCLA)博士资格考题谈起	2012—10	28.00	219
差分方程的拉格朗日方法——从一道2011年全国高考理科试题的解法谈起	2012—08	28.00	200

哈尔滨工业大学出版社刘培杰数学工作室
已出版(即将出版)图书目录

书　名	出版时间	定　价	编号
力学在几何中的一些应用	2013—01	38.00	240
高斯散度定理、斯托克斯定理和平面格林定理——从一道国际大学生数学竞赛试题谈起	即将出版		
康托洛维奇不等式——从一道全国高中联赛试题谈起	2013—03	28.00	337
西格尔引理——从一道第18届IMO试题的解法谈起	即将出版		
罗斯定理——从一道前苏联数学竞赛试题谈起	即将出版		
拉克斯定理和阿廷定理——从一道IMO试题的解法谈起	2014—01	58.00	246
毕卡大定理——从一道美国大学数学竞赛试题谈起	2014—07	18.00	350
贝齐尔曲线——从一道全国高中联赛试题谈起	即将出版		
拉格朗日乘子定理——从一道2005年全国高中联赛试题谈起	即将出版		
雅可比定理——从一道日本数学奥林匹克试题谈起	2013—04	48.00	249
李天岩—约克定理——从一道波兰数学竞赛试题谈起	2014—06	28.00	349
整系数多项式因式分解的一般方法——从克朗耐克算法谈起	即将出版		
布劳维不动点定理——从一道前苏联数学奥林匹克试题谈起	2014—01	38.00	273
压缩不动点定理——从一道高考数学试题的解法谈起	即将出版		
伯恩赛德定理——从一道英国数学奥林匹克试题谈起	即将出版		
布查特—莫斯特定理——从一道上海市初中竞赛试题谈起	即将出版		
数论中的同余数问题——从一道普林南竞赛试题谈起	即将出版		
范·德蒙行列式——从一道美国数学奥林匹克试题谈起	即将出版		
中国剩余定理:总数法构建中国历史年表	2015—01	28.00	430
牛顿程序与方程求根——从一道全国高考试题解法谈起	即将出版		
库默尔定理——从一道IMO预选试题谈起	即将出版		
卢丁定理——从一道冬令营试题的解法谈起	即将出版		
沃斯滕霍姆定理——从一道IMO预选试题谈起	即将出版		
卡尔松不等式——从一道莫斯科数学奥林匹克试题谈起	即将出版		
信息论中的香农熵——从一道近年高考压轴题谈起	即将出版		
约当不等式——从一道希望杯竞赛试题谈起	即将出版		
拉比诺维奇定理	即将出版		
刘维尔定理——从一道《美国数学月刊》征解问题的解法谈起	即将出版		
卡塔兰恒等式与级数求和——从一道IMO试题的解法谈起	即将出版		
勒让德猜想与素数分布——从一道爱尔兰竞赛试题谈起	即将出版		
天平称重与信息论——从一道基辅市数学奥林匹克试题谈起	即将出版		
哈密尔顿—凯莱定理:从一道高中数学联赛试题的解法谈起	2014—09	18.00	376
艾思特曼定理——从一道CMO试题的解法谈起	即将出版		

哈尔滨工业大学出版社刘培杰数学工作室
已出版(即将出版)图书目录

书　名	出版时间	定　价	编号
一个爱尔特希问题——从一道西德数学奥林匹克试题谈起	即将出版		
有限群中的爱丁格尔问题——从一道北京市初中二年级数学竞赛试题谈起	即将出版		
贝克码与编码理论——从一道全国高中联赛试题谈起	即将出版		
帕斯卡三角形	2014—03	18.00	294
蒲丰投针问题——从2009年清华大学的一道自主招生试题谈起	2014—01	38.00	295
斯图姆定理——从一道"华约"自主招生试题的解法谈起	2014—01	18.00	296
许瓦兹引理——从一道加利福尼亚大学伯克利分校数学系博士生试题谈起	2014—08	18.00	297
拉格朗日中值定理——从一道北京高考试题的解法谈起	2014—01		298
拉姆塞定理——从王诗宬院士的一个问题谈起	2014—01		299
坐标法	2013—12	28.00	332
数论三角形	2014—04	38.00	341
毕克定理	2014—07	18.00	352
数林掠影	2014—09	48.00	389
我们周围的概率	2014—10	38.00	390
凸函数最值定理:从一道华约自主招生题的解法谈起	2014—10	28.00	391
易学与数学奥林匹克	2014—10	38.00	392
生物数学趣谈	2015—01	18.00	409
反演	2015—01		420
因式分解与圆锥曲线	2015—01	18.00	426
轨迹	2015—01	28.00	427
面积原理:从常庚哲命的一道CMO试题的积分解法谈起	2015—01	48.00	431
形形色色的不动点定理:从一道28届IMO试题谈起	2015—01	38.00	439
柯西函数方程:从一道上海交大自主招生的试题谈起	2015—02	28.00	440
三角恒等式	2015—02	28.00	442
无理性判定:从一道2014年"北约"自主招生试题谈起	2015—01	38.00	443
中等数学英语阅读文选	2006—12	38.00	13
统计学专业英语	2007—03	28.00	16
统计学专业英语(第二版)	2012—07	48.00	176
幻方和魔方(第一卷)	2012—05	68.00	173
尘封的经典——初等数学经典文献选读(第一卷)	2012—07	48.00	205
尘封的经典——初等数学经典文献选读(第二卷)	2012—07	38.00	206
实变函数论	2012—06	78.00	181
非光滑优化及其变分分析	2014—01	48.00	230
疏散的马尔科夫链	2014—01	58.00	266
马尔科夫过程论基础	2015—01	28.00	433
初等微分拓扑学	2012—07	18.00	182
方程式论	2011—03	38.00	105
初级方程式论	2011—03	28.00	106
Galois理论	2011—03	18.00	107
古典数学难题与伽罗瓦理论	2012—11	58.00	223
伽罗华与群论	2014—01	28.00	290
代数方程的根式解及伽罗瓦理论	2011—03	28.00	108
代数方程的根式解及伽罗瓦理论(第二版)	2015—01	28.00	423

哈尔滨工业大学出版社刘培杰数学工作室已出版(即将出版)图书目录

书 名	出版时间	定 价	编号
线性偏微分方程讲义	2011—03	18.00	110
N体问题的周期解	2011—03	28.00	111
代数方程式论	2011—05	18.00	121
动力系统的不变量与函数方程	2011—07	48.00	137
基于短语评价的翻译知识获取	2012—02	48.00	168
应用随机过程	2012—04	48.00	187
概率论导引	2012—04	18.00	179
矩阵论(上)	2013—06	58.00	250
矩阵论(下)	2013—06	48.00	251
趣味初等方程妙题集锦	2014—09	48.00	388
趣味初等数论选美与欣赏	2015—02	48.00	445
对称锥互补问题的内点法:理论分析与算法实现	2014—08	68.00	368
抽象代数:方法导引	2013—06	38.00	257
闵嗣鹤文集	2011—03	98.00	102
吴从炘数学活动三十年(1951~1980)	2010—07	99.00	32
函数论	2014—11	78.00	395
数贝偶拾——高考数学题研究	2014—04	28.00	274
数贝偶拾——初等数学研究	2014—04	38.00	275
数贝偶拾——奥数题研究	2014—04	48.00	276
集合、函数与方程	2014—01	28.00	300
数列与不等式	2014—01	38.00	301
三角与平面向量	2014—01	28.00	302
平面解析几何	2014—01	38.00	303
立体几何与组合	2014—01	28.00	304
极限与导数、数学归纳法	2014—01	38.00	305
趣味数学	2014—03	28.00	306
教材教法	2014—04	68.00	307
自主招生	2014—05	58.00	308
高考压轴题(上)	2014—11	48.00	309
高考压轴题(下)	2014—10	68.00	310
从费马到怀尔斯——费马大定理的历史	2013—10	198.00	I
从庞加莱到佩雷尔曼——庞加莱猜想的历史	2013—10	298.00	II
从切比雪夫到爱尔特希(上)——素数定理的初等证明	2013—07	48.00	III
从切比雪夫到爱尔特希(下)——素数定理100年	2012—12	98.00	III
从高斯到盖尔方特——二次域的高斯猜想	2013—10	198.00	IV
从库默尔到朗兰兹——朗兰兹猜想的历史	2014—01	98.00	V
从比勃巴赫到德布朗斯——比勃巴赫猜想的历史	2014—02	298.00	VI
从麦比乌斯到陈省身——麦比乌斯变换与麦比乌斯带	2014—02	298.00	VII
从布尔到豪斯道夫——布尔方程与格论漫谈	2013—10	198.00	VIII
从开普勒到阿诺德——三体问题的历史	2014—05	298.00	IX
从华林到华罗庚——华林问题的历史	2013—10	298.00	X

哈尔滨工业大学出版社刘培杰数学工作室
已出版(即将出版)图书目录

书 名	出版时间	定 价	编号
吴振奎高等数学解题真经(概率统计卷)	2012—01	38.00	149
吴振奎高等数学解题真经(微积分卷)	2012—01	68.00	150
吴振奎高等数学解题真经(线性代数卷)	2012—01	58.00	151
高等数学解题全攻略(上卷)	2013—06	58.00	252
高等数学解题全攻略(下卷)	2013—06	58.00	253
高等数学复习纲要	2014—01	18.00	384
钱昌本教你快乐学数学(上)	2011—12	48.00	155
钱昌本教你快乐学数学(下)	2012—03	58.00	171
三角函数	2014—01	38.00	311
不等式	2014—01	28.00	312
方程	2014—01	28.00	314
数列	2014—01	38.00	313
排列和组合	2014—01	28.00	315
极限与导数	2014—01	28.00	316
向量	2014—09	38.00	317
复数及其应用	2014—08	28.00	318
函数	2014—01	38.00	319
集合	即将出版		320
直线与平面	2014—01	28.00	321
立体几何	2014—04		322
解三角形	即将出版		323
直线与圆	2014—01	28.00	324
圆锥曲线	2014—01	38.00	325
解题通法(一)	2014—07	38.00	326
解题通法(二)	2014—07	38.00	327
解题通法(三)	2014—05	38.00	328
概率与统计	2014—01	28.00	329
信息迁移与算法	即将出版		330
第19~23届"希望杯"全国数学邀请赛试题审题要津详细评注(初一版)	2014—03	28.00	333
第19~23届"希望杯"全国数学邀请赛试题审题要津详细评注(初二、初三版)	2014—03	38.00	334
第19~23届"希望杯"全国数学邀请赛试题审题要津详细评注(高一版)	2014—03	28.00	335
第19~23届"希望杯"全国数学邀请赛试题审题要津详细评注(高二版)	2014—03	38.00	336
第19~25届"希望杯"全国数学邀请赛试题审题要津详细评注(初一版)	2015—01	38.00	416
第19~25届"希望杯"全国数学邀请赛试题审题要津详细评注(初二、初三版)	2015—01	58.00	417
第19~25届"希望杯"全国数学邀请赛试题审题要津详细评注(高一版)	2015—01	48.00	418
第19~25届"希望杯"全国数学邀请赛试题审题要津详细评注(高二版)	2015—01	48.00	419
物理奥林匹克竞赛大题典——力学卷	2014—11	48.00	405
物理奥林匹克竞赛大题典——热学卷	2014—04	28.00	339
物理奥林匹克竞赛大题典——电磁学卷	即将出版		406
物理奥林匹克竞赛大题典——光学与近代物理卷	2014—06	28.00	345

哈尔滨工业大学出版社刘培杰数学工作室
已出版(即将出版)图书目录

书 名	出版时间	定 价	编号
历届中国东南地区数学奥林匹克试题集(2004~2012)	2014—06	18.00	346
历届中国西部地区数学奥林匹克试题集(2001~2012)	2014—07	18.00	347
历届中国女子数学奥林匹克试题集(2002~2012)	2014—08	18.00	348
几何变换(Ⅰ)	2014—07	28.00	353
几何变换(Ⅱ)	即将出版		354
几何变换(Ⅲ)	2015—01	38.00	355
几何变换(Ⅳ)	即将出版		356
美国高中数学竞赛五十讲.第1卷(英文)	2014—08	28.00	357
美国高中数学竞赛五十讲.第2卷(英文)	2014—08	28.00	358
美国高中数学竞赛五十讲.第3卷(英文)	2014—09	28.00	359
美国高中数学竞赛五十讲.第4卷(英文)	2014—09	28.00	360
美国高中数学竞赛五十讲.第5卷(英文)	2014—10	28.00	361
美国高中数学竞赛五十讲.第6卷(英文)	2014—11	28.00	362
美国高中数学竞赛五十讲.第7卷(英文)	2014—12	28.00	363
美国高中数学竞赛五十讲.第8卷(英文)	2015—01	28.00	364
美国高中数学竞赛五十讲.第9卷(英文)	2015—01	28.00	365
美国高中数学竞赛五十讲.第10卷(英文)	2015—02	38.00	366
IMO 50年.第1卷(1959—1963)	2014—11	28.00	377
IMO 50年.第2卷(1964—1968)	2014—11	28.00	378
IMO 50年.第3卷(1969—1973)	2014—09	28.00	379
IMO 50年.第4卷(1974—1978)	即将出版		380
IMO 50年.第5卷(1979—1983)	即将出版		381
IMO 50年.第6卷(1984—1988)	即将出版		382
IMO 50年.第7卷(1989—1993)	即将出版		383
IMO 50年.第8卷(1994—1998)	即将出版		384
IMO 50年.第9卷(1999—2003)	即将出版		385
IMO 50年.第10卷(2004—2008)	即将出版		386
历届美国大学生数学竞赛试题集.第一卷(1938—1949)	2015—01	28.00	397
历届美国大学生数学竞赛试题集.第二卷(1950—1959)	2015—01	28.00	398
历届美国大学生数学竞赛试题集.第三卷(1960—1969)	2015—01	28.00	399
历届美国大学生数学竞赛试题集.第四卷(1970—1979)	2015—01	18.00	400
历届美国大学生数学竞赛试题集.第五卷(1980—1989)	2015—01	28.00	401
历届美国大学生数学竞赛试题集.第六卷(1990—1999)	2015—01	28.00	402
历届美国大学生数学竞赛试题集.第七卷(2000—2009)	即将出版		403
历届美国大学生数学竞赛试题集.第八卷(2010—2012)	2015—01	18.00	404

哈尔滨工业大学出版社刘培杰数学工作室已出版(即将出版)图书目录

书　名	出版时间	定　价	编号
新课标高考数学创新题解题诀窍:总论	2014—09	28.00	372
新课标高考数学创新题解题诀窍:必修1~5分册	2014—08	38.00	373
新课标高考数学创新题解题诀窍:选修2-1,2-2,1-1,1-2分册	2014—09	38.00	374
新课标高考数学创新题解题诀窍:选修2-3,4-4,4-5分册	2014—09	18.00	375
全国重点大学自主招生英文数学试题全攻略:词汇卷	即将出版		410
全国重点大学自主招生英文数学试题全攻略:概念卷	2015—01	28.00	411
全国重点大学自主招生英文数学试题全攻略:文章选读卷(上)	即将出版		412
全国重点大学自主招生英文数学试题全攻略:文章选读卷(下)	即将出版		413
全国重点大学自主招生英文数学试题全攻略:试题卷	即将出版		414
全国重点大学自主招生英文数学试题全攻略:名著欣赏卷	即将出版		415
数学王者　科学巨人——高斯	2015—01	28.00	428
数学公主——科瓦列夫斯卡娅	即将出版		
数学怪侠——爱尔特希	即将出版		
电脑先驱——图灵	即将出版		
闪烁奇星——伽罗瓦	即将出版		

联系地址:哈尔滨市南岗区复华四道街10号　哈尔滨工业大学出版社刘培杰数学工作室
网　　址:http://lpj.hit.edu.cn/
邮　　编:150006
联系电话:0451—86281378　　13904613167
E-mail:lpj1378@163.com